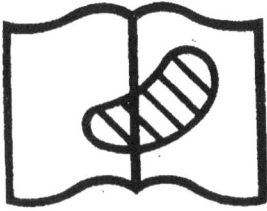

Illisibilité partielle

Contraste insuffisant
NF Z 43-120-14

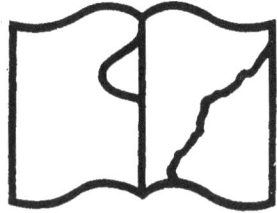

Texte détérioré — reliure défectueuse
NF Z 43-120-11

Valable pour tout ou partie
du document reproduit

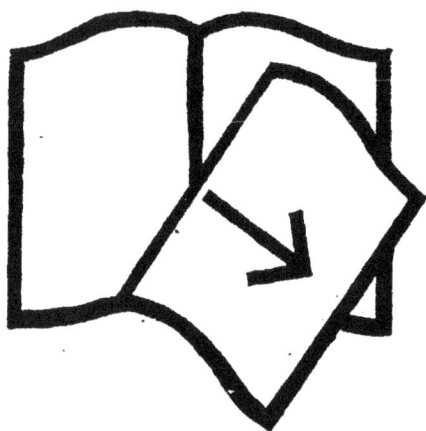

Couverture inférieure manquante

Original en couleur

NF Z 43-120-8

NOTES INÉDITES

DE PEIRESC

SUR

QUELQUES POINTS D'HISTOIRE NATURELLE

PUBLIÉES PAR

PH. TAMIZEY DE LARROQUE

DIGNE
IMPRIMERIE CHASPOUL ET Vᵉ BARBAROUX
20, Place de l'Évêché, 20

1896

(14)

A mon cher maître et ami
Monsieur Léopold Delisle
reconnaissant et affectueux hommage
Ph. Tamizey de Larroque
pavillon peiresc, 15 octobre 1896.

NOTES INÉDITES DE PEIRESC

Extrait du *Bulletin de la Société Scientifique et Littéraire des Basses-Alpes* (1895-1896).

NOTES INÉDITES

DE PEIRESC

SUR

QUELQUES POINTS D'HISTOIRE NATURELLE

PUBLIÉES PAR

Ph. TAMIZEY DE LARROQUE

DIGNE

IMPRIMERIE CHASPOUL ET Vᵉ BARBAROUX

20, Place de l'Évêché, 20

1896

A

Monsieur Louis de BRESC,

Vice-Président du Comité du Monument de Peiresc,

en souvenir de sa très gracieuse hospitalité

de mai 1894.

AVERTISSEMENT

Selon la spirituelle remarque de M. Léopold Delisle « quand Peiresc disait qu'il était *un peu curieux* (1) » il restait certainement au-dessous de la vérité (2). Je suis tellement de l'avis de l'éminent critique, mon vénéré maître et cher ami, que j'ai cru pouvoir surnommer notre héros *le plus curieux de tous les hommes,* comme l'a naguères rappelé M. le doyen Guibal dans son éloquent discours sur *Peiresc historien* (3). Plus on étudie ce chercheur des chercheurs, plus on constate que rien n'est exagéré dans ce que l'on a pu dire et redire, au XVII° siècle comme aujourd'hui, de sa soif de tout connaître. J'ai eu récemment communication, en la bibliothèque de Carpentras, de cer-

---

(1) Lettre à Balthazar Fabre, chancelier du consulat d'Alep, du 21 mai 1636.

(2) *Un grand amateur français du XVII° siècle, Fabri de Peiresc,* Toulouse, 1889, p. 9.

(3) Voir le recueil intitulé : *Une séance publique pour l'érection d'un monument à Peiresc, tenue à Aix, le 11 mai 1894.* (Aix, Remondet-Aubin, 1894, gr. in-8°, p. 9.)

taines liasses qui avaient été dérobées par Libri et qui, après avoir été restituées à l'Inguimbertine, n'avaient pas encore été mises à la disposition du public. Ces liasses, tirées par moi avec tant de joie de l'ombre discrète où elles étaient ensevelies, fournissent de nouveaux témoignages de la merveilleuse activité scientifique de Peiresc, se portant presque à la fois sur les terrains les plus divers et les fécondant tous. J'ai pensé qu'au moment où l'on s'occupe du plus zélé des savants avec un admirable redoublement de sympathie, non seulement en sa province natale, mais en toute la France et même à l'étranger (1), un intérêt particulier jaillirait de la lecture des pages jusqu'ici inconnues qui embrassent et éclairent tant de sujets. Ce qui ajoute à ces pages un prix considérable, c'est qu'elles ont été tracées dans toute la force de l'âge, dans toute la plénitude du savoir, à cette époque de la vie où, mûris par les longues réflexions, les fruits de l'érudition sont plus savoureux que jamais. C'est de 1631 à 1635 que furent rédigées pour la plupart les notes ou notices que l'on va lire, et quand déjà Peiresc avait dépassé de peu d'années cette cinquantaine qui est pour l'homme la période indécise séparant l'été qui finit de l'automne qui commence. En voyant le soin, je puis même dire la coquetterie avec les-

_____

(1) Un des plus illustres représentants de l'érudition italienne, feu le commandeur J.-B. de Rossi, me faisait exprimer, peu de temps avant sa mort, tout le bonheur qu'il éprouvait des hommages rendus à une mémoire qui lui était si chère.

quels ont été écrits de la propre main de l'auteur ces
morceaux où se condensent tant d'observations et de souvenirs, je me suis demandé si ces pages n'étaient pas
destinées à l'impression, si la netteté de l'écriture n'était
pas en quelque sorte une toilette de voyage moins négligée
qu'à l'ordinaire. Comme on est toujours disposé à croire
ce que l'on désire, je me persuade qu'en mettant au jour
les morceaux préparés par Peiresc, je donne satisfaction
à un désir qu'il ne put réaliser lui-même et que je suis, à
cet égard, l'exécuteur testamentaire d'un ami dont j'ai
deviné la dernière pensée.

Les *curiosités* que je publie ont un mérite spécial qui
sera fort apprécié des amis de Peiresc : elles sont mêlées
de petits récits autobiographiques. Tantôt on y verra une
rapide évocation de souvenirs d'enfance et de jeunesse,
tantôt on y trouvera de toutes fraîches impressions de
promeneur. Je recommande surtout le charmant récit d'une
excursion aux environs de la ville d'Aix faite en compagnie de deux hommes éminents par leur vertu comme
par leur science, Joseph Gaultier, prieur de la Valette, et
le chanoine Pierre Gassendi. En certains passages du plus
pittoresque agrément, on croirait lire quelque chose des
mémoires de celui qui fut le roi des curieux de son temps.

Avec le concours de M. Léon de Berluc-Perussis, en qui
le collaborateur vaut l'ami, ce qui est tout dire, j'ai groupé
un assez grand nombre de notes, surtout de notes *provençales*, au bas des relations de Peiresc, de ces relations qui
touchent un peu à tout, à l'*Alzaron* venu de Tunisie

comme au monstre trouvé sur les côtes de Bretagne, à la
formation des cailloux comme aux alignements des montagnes, aux curiosités de Belle-Isle-en-Mer comme aux
momies rapportées de l'Egypte, à la plante souterraine de
Belgentier comme aux limaces de Trebeillane, au vent du
grand Couyer (diocèse de Glandèves) comme au vent de la
Vaudaise (lac de Genève). Mais je recommande instamment
à tous les lecteurs de compléter ce commentaire en reve-
nant souvent à ce qui a été déjà si bien dit sur Peiresc
considéré comme curieux, par M. Léopold Delisle, en 1889,
et d'une façon plus développée par M. Charles Joret, en
1904 (1).

PH. TAMIZEY DE LARROQUE.

_____

(1) L'étude que mon confrère et ami, M. Joret, consacre à Peiresc archéologue,
humaniste, naturaliste, occupe, dans le recueil Remondet-Aubin déjà cité, les
pages 37-103. On y admire un ingénieux et attrayant résumé des indications
contenues dans le beau livre de Gassendi et dans les lettres de Peiresc et de
ses correspondants. C'est jusqu'à ce jour l'étude la plus fidèle et la plus com-
plète que nous possédions en notre langue sur Fabri de Peiresc.

NOTES INÉDITES DE PEIRESC

sur

QUELQUES POINTS D'HISTOIRE NATURELLE

———◆◆◆———

I.

L'ALZARON.

Le 30 juin 1634 a esté embarqué à Thunis pour Marseille et Italie un animal estrange qu'on disoit estre nommé Alzaron non seulement dans les Indes et en Perse, mais aussy en la Nubie où il a esté pris fort petit, ayant audit temps de l'embarquement, à ce que disoient ceux qui l'avoient apporté là, seulement quelques dix mois. Il avoit esté apporté à un grand et insigne Morabut *(sic)* de Thunis, de qui on le vouloit achepter pour ie grand duc de Toscane, mais il en avoit traicté avec un autre, qui l'avoit destiné ailleurs, et cependant il a desiré qu'on le fist venir en France et qu'on l'y fist voir à quelque curieux, pour en bien examiner et observer la forme et, s'il est possible, le naturel. L'animal a le museau et la queue d'un veau, le

manteau et la teste et les pieds d'un cerf (1), mais les cornes
sont noires, n'ont pas de rameure, et dict-on qu'elles crois-
sent jusques à une desmesurée longueur, voire ils adjous-
tent qu'elles sont tenues en grande estime parce qu'ilz
croyent qu'elles ayent la mesme vertu que celles de la
licorne. Il n'a pas maintenant plus de troys palmes de
haulteur, mais on tient qu'il debvra croistre et acquerir
bien de la force, et une vistesse ou velocité de course
incroyable et telle qu'on ne les peult attaindre, et c'est ce
qui les rend si rares, parce qu'on ne les prend pas facilement à la chasse. Il est fort domestique, et prend plaisir
d'estre flatté et qu'on le gratte au front (2).

---

(1) Conférez la description de Gassendi (*De vita Peireskii*, lib. V, pp. 422-423,
de l'édition de 1651, La Haye).

(2) Suivent des instructions du 26 août 1634, pour le patron Paschal :
« Record à patron Paschal, soubz l'adveu de M. de Gastines de Marseille, de
faire charger sur les barques du patron Dalle un animal peu commun tenant
du cerf et du veau pour Civita-Vecchia où il a ses adresses. » Peiresc multiplie
les recommandations et réclame des précautions infinies en faveur du passager.
Il veut que l'on ait « soing de le faire loger et traicter dans le voyage comme
il avoit faict cy devant en traversant la mer jusques à Marseille ». Le qua-
drupède devait être présenté à son Éminence le cardinal Fr. Barberini « par
l'evesque de Vayson (Joseph-Marie Suarès) ou le cavalier del Pozzo ». On
trouvera mille détails dans les lettres de Peiresc sur cet Alzaron qui, étant
son hôte à Aix, fut l'objet non seulement de sa curiosité, mais de sa vive sympathie. On a prétendu que l'animal, introduit dans l'appartement même de
Peiresc, s'était montré peu digne par sa propreté des égards qu'on lui
témoignait. Mais ce doit être là quelque légende, car on ne trouve pas la
moindre trace de l'affaire en toute la correspondance de Nicolas-Claude de Fabri.
Il ne faut donc pas plus admettre l'authenticité de l'historiette que l'authenticité du filet d'alzaron qui figurait dans le splendide festin donné par M. de
Bresc, le 7 mai 1894, en l'honneur de celui qui écrit ces lignes et qui, ravi
de toutes choses, fut surtout ravi, en cette bienheureuse soirée, du mot
prophétique inscrit au bas du menu et tout près du portrait de Peiresc : *Lou
faren revieure.*

II.

BELLE-ISLE EN MER.

Sur la vraye situation de Belle-Isle et sur la qualité particulière des lieux plus remarquables d'icelle.

L'on desireroit d'apprendre certainement si les rochers qui l'environnent et qui aboutissent à la mer de touts costez ne sont pas plus haultz à la coste du Sud qu'à celle du Nord, comm'il semble se pouvoir en quelque façon colliger de ce que descrivant les plus voisins de la forteresse située sur la coste du Nord, ils sont reglez à plus de 200 pieds de haulteur, et descrivant les plus voisins de la caverne de Saint-Marc, ils sont mis à plus de 300 pieds. Or il importeroit d'en sçavoir la mesure certaine à peu prez tant des uns que des autres, c'est-à-dire des plus haults du costé du Sud, et de ceux du costé du Nord, pour pouvoir juger s'ils ne vont pas en pente perdüe, continuée d'une coste à l'autre, à travers toute la largeur de l'Isle, ou bien si la suite en est interrompüe par divers rangs de collines situées en lignes paralleles les uns devant les autres, successivement. Et si chascun rang des collines (aligné à peu prez selon la longueur de l'isle, ou bien du Levant au Ponant à peu prez) n'a pas son aspect du Sud au meridional en pente souddaine et quasi tranchée tout à plomb, à comparaison de l'aspect du Nord au septentrional du mesme rang de collines, qui va plus communement en pente perdue, et par laquelle les advenües sont beaucoup plus aisées à ceux qui y veullent monter que celles du Sud, Mesme si leur façade meridionale n'est pas plus brisée ou esmoussée que la septentrionale, en sorte qu'en celle du midy l'on voye paroistre diverses couches ou veines ou bancs de rochers amoncellez ou rangez les uns sur les autres, de differantes qualitez de couleur, ou de durté, soit de roc, ou de gravier, ou de terrain. Et si en la façade des mesmes collines qui regarde le Nord ce n'est pas comme une seule couche de roc quasi d'une seule piece qui couvre tout cet aspect de la colline à peu prez, si ce n'est que les ravines des eaux l'ayent entrefendue et brisée en quelques endroicts. Si les sources des fontaines ne monstrent pas d'avoir leur derivation plus apparante du costé septentrional desdictes collines que du meridional, si ce n'est que les racines de celles qui regardent au Nord viennent abbouttir si prez des autres opposées qu'elles se joignent à leurs racines du costé meridional, en sorte qu'elles soient comme confuses, pour empescher de distinguer si les sources des eaües viennent de l'une ou de l'autre. Si les vallées de prairies que l'on descript en chascune parroisse ne sont pas approfondies quasi au niveau de la mer dans des bresches des rochers de la coste, plustost que dans le milieu de l'Isle. Et si dans les dictes bresches, l'on ne recognoit pas que les collines et grands rochers soient composez de diverses couches de roc entassées les unes sur les autres orizontalement ou à niveau en certain sens, et en biaizant, ou en escharpe en autre sens. Et si la grande plaine qui occupe tout le mitan de l'Isle n'est pas beaucoup plus haulte que le niveau des prairies des dictes vallées particulieres, comme si c'estoit une plaine sur la crouppe de diverses montagnes, ou bien un païs hault comme la Beausse et dont l'air est plus froid que dans la pluspart des dictes vallées. Car puisque le rocher se trouve à deux pieds soubz terre à peu prez dans toute cette grande plaine, il y a de l'apparence que ce soit la vraye cause pourquoy toutes les sources des fontaines sont plustost au hault des collines et rochers que dans le fond des dictes vallées, attendu que les eaües pluviales s'escoullent sur les premieres couches de ce roc sans pouvoir penetrer diverses couches d'iceluy pour aller sortir plus bas dans lesdictes vallées.

Il se pourroit tirer encore quelques esclaircissements de cette verité en faisant visiter cez troys cavernes tant de Saint-Marc que des Pigeons, et celle qui est pleine d'eau, et considerer les voultes des dictes cavernes, pour recognoistre de quel biaiz ou de quel sens elles se tiennent suspendües, si elles ne panchent pas plus apparamment du Midy au Septentrion, et, au contraire, puisqu'elles se trouvent situées en la coste du Sud, plustost qu'en celle du Nord. Et possible est-ce aussy pour cette situation au Sud que les deux des dictes cavernes ne sont pas si subjectes à recevoir de l'eau de la mer aux grandes marées encores qu'elle monte à cent pieds plus hault que l'ouverture de celle des Pigeons pour estre couverte, comme on dict, de rochers et principalement pour estre deschargée du plus grand fardeau de l'eau, et du vray cours du courant de la marée soubstenu, ce semble, par toute l'Isle, comme cez pilles des ponts dans les rivieres soubstiennent le fardeau de l'eau et le cours des grandes rivieres, en sorte que par la fassade du dessoubs des dictes pilles par où l'eau a sa fuitte, elle ne couvre jamais aultant de rangs de pierres de taille de la pille, comme par le dessus, du costé qui regarde le lieu d'où vient l'eau de la riviere.

Il ne seroit pas mesme inutile de sçavoir de quelle durté et qualité sont les rochers de toute cette grande isle à peu prez, si elle est bien pareille partout ou differante, si la matiere en est bien unie et solide, ou entremeslée de gravier gros ou menu, s'il est friable ou non, s'il n'y a pas de meslange de couches de sable ou de gré ou de tuf ou d'argille. Et si le terrain de la grande plaine du mitan de l'Isle est bien semblable de toutz costez ou de fort differante couleur et qualitez, voire s'il n'estoit poinct trop importun de faire observer aux autres isles et costes de terre ferme plus voisines de Belle Isle, principalement en celles de Blavet, de Morbian et de Quiberon, si les bancs ou couches des rochers ne sont pas de mesme qualité à peu prez, et rangez ou entassez en mesme sens et en ordre bien approchant de celuy des rochers de Belle Isle.

Il s'en tireroit de plus belles consequances que l'on ne s'imagineroit pas d'abbord, et de sçavoir si les montaignes plus haultes de la basse Brettaigne ne sont pas disposées comme celles de la pluspart de l'Europe et de nostre hemisphere, en sorte qu'elles sont plus allongées du Levant au Ponant à peu prez par l'entresuitte de diverses collines et couppeaux qui s'entretiennent, si on les veult prendre par la traverse, du Septentrion au Midy, laquelle est tousjours fort estroicte à comparaison de l'autre sens, comme la suitte de l'Apennin, par exemple, qui divise toute l'Italie de bout à autre, celies des Pyrenées qui divise la France de l'Hespagne, la Sierra de las Nieves qui divise l'Espagne en deux, les Alpes des Grisons qui divisent l'Allemagne de l'Italie, le Caucase, le Taurus, le Mont Liban, le Mont Hethron *(sic)* et jusques au Mont Atlas de l'Affrique, toutz sont allignez du Levant au Ponant quelque peu de biais qu'il y ayt (1).

Les Alpes mesmes du Piedmont (quoyque l'exception n'en deubst pas estre incompatible) estant rangées en lignes paralleles du Levant au Ponant, à sçavoir du Col de Tende vis à vis du Mont Genievre et ainsin des autres avec des interpositions de profondes vallées, aussy longues que le doz des dictes montaignes, il n'y a rien qui puisse empescher la règle commune que les montaignes sont plus naturellement allignées du Levant au Ponant et en aulcun autre sens, ce qui ayde bien à penetrer plus avant qu'il ne semble dans les plus haultes origines des choses plus secrettes de la nature.

---

(1) Voir plus loin (n° VII) une étude spéciale, très développée, sur le sujet que Peiresc se contente d'effleurer ici.

III.

DE LA FORMATION DES CAILLOUX

DES RIVIÈRES [1].

Il m'est arrivé de faire une observation bien opportune pour descouvrir l'ordre de la nature en cela, et qu'il s'en forme au divers temps selon que les saisons en sont plus ou moings propres et que les accidants et causes secondes y concourent.

Estant moy en Avignon aux estudes [2] et m'allant baigner en esté dans le bras de la riviere du Rhosne qui passe entre l'ille de la Bartelasse et la montaigne de Nostre Dame de Doms, ou la porte qu'on appelle du Sel, dans lequel bras du Rhosne se joinct et se confond l'eau de la riviere de Sorgue qui vient de Vaucluse, nous y trouvions comme estant plus claire qu'ailleurs et d'une haulteur si commode pour nous qu'elle nous arrivoit gueres qu'à la ceinture, et le fond du lict de la riviere en cet

---

(1) Note marginale de Peiresc : « Escript en 1635, le 20 janvier. »
(2) Peiresc et son frère furent mis, en 1590, au collège d'Avignon et y passèrent cinq années. (*Gassendi*, p. 16.)

endroict là, de la porte du Sel (1), où nous allions plus ordinairement, n'estoit que du sable fort doulx pour la nudité
de noz pieds.

Un jour que je vouldroys bien avoir cotté, nous y trouvasmes l'eau plus trouble et accreüe en sorte qu'elle nous
venoit quasi jusques au col d'aultant que celle du Rhosne
estoit accrûe *(sic)*, et par consequance necessaire obligeoit
(par son haulteur et sa rapidité au droict du pont) l'autre
eaüe dudict bras de Sorgue de s'eslever à proportion et d'y
sesjourner quasi comme dormante. Car le tour que faict le
Rhosne, de ce costé là de ladicte isle de la Bartelasse, est
fort grand et ne va quasi qu'en pente perdüe et fort dormante au prix du lict principal de ladicte riviere du
Rhosne. Nous y trouvasmes donques ce jour là au fonds
non du sable, comme de coustume, mais des morceaux
d'argille, arrondis comme des caillous, les uns plus longuetz
que les autres, et de plusieurs differantes couleurs plus et
moings blanches, grises, noirastres et autres, mais toutz
fort tendres, ou mols comme de l'argille plus ou moings
destrampée. En sorte que nous les escrasions facilement

---

(1) Avignon, comme bon nombre de localités provençales, avait sa porte du
Sel ou de la *Saunerie,* par où, avant l'occupation papale, le sel entrait en ville
et où était établi le bureau de la gabelle. A Saint-Saturnin-lès-Apt, qui appar-
tenait jadis moitié au Pape, moitié au Roi, la ville papale, exempte de la
gabelle, était séparée de la ville royale, soumise à l'impôt, par la grande rue,
en sorte que les maisons de droite achetaient le sel fort cher, tandis que les
maisons de gauche l'avaient à très bon marché. Les gabelous exerçaient une
active surveillance, pour empêcher l'introduction du sel, des maisons papales,
dans les maisons royales; mais les ménagères avaient trouvé un moyen légal
de narguer la gabelle. Chaque vassale du roi allait quotidiennement visiter, sa
marmite à la main, la vassale du pape qui lui faisait vis-à-vis, et celle-ci lui
salait sa soupe dans les prix doux. Le sel, de cette façon, ne traversait la rue
et n'entrait en terre royale que fondu. (Ai-je besoin de dire que cette piquante
note m'a été fournie par le collaborateur nommé dans l'*Avertissement ?*)

avec noz pieds nuds sans nous blesser et par le seul poids de nostre corps. La grandeur en estoit differante les uns comme des noixsettes, amandes, noix, et comme des œufxs pour les plus gros qui fussent en cet endroict là.

Encores que je fusse bien jeune (1) et incappable de la bonne curiosité, j'eus pourtant le soing d'emporter à la maison mon plein mouchoir desdictz cailloux ainsin tendres et friables, à cause que la diversité des couleurs m'en sembla admirable, car il y en avoit d'assez blancs et d'autres de couleur grise bleûastre, qui me sembloit la plus bigearre et d'autres quasi noirs, et en ayant voulu ouvrir par le milieu comme une figue, en la pressant et forçant tant soit peu, ils se rompoient et divisoient en deux parties, et en moindres portions, et le centre sembloit aulcunes foys de differente coulleur d'avec la crouste ou superficie exterieure ; d'autres estoient disposez par veines ou pellures et enveloppes, comme un œuf endurcy dont la glaire est fixée ou caillée à l'entour de son moyeau, dont la nouveaulté fit que l'on les gastà quasi toutz à mon arrivée au logis, tant nostre precepteur (2) (à qui principalement je les avoys apportez) que les autres à la maison.

Au bout de huict ou dix jours, nous voulusmes nous aller rebaigner au mesme lieu. Et y trouvasmes l'eau diminuée et esclaircie, mais le fonds tout remply de cailloux, aussy durs la pluspart que les autres qu'on voyoit sur le gravier communement, de sorte qu'il nous fallut abandonner ce baignoir là pour l'incommodité que nous y

---

(1) Une dizaine d'années, s'il s'agit de la première année de collège ; une douzaine, si nous adoptons une moyenne. — Cf. le récit de Gassendi, l. III, p. 24.

(2) J'ignore le nom de ce précepteur, qu'il ne faut pas confondre avec le gentilhomme béarnais Fonvive, tant loué par Gassendi (p 16) et par Peiresc lui-même (*Lettres à sa famille*, VI, 3), mais qui fut plus qu'un précepteur et qui fut attaché comme gouverneur aux jeunes Fabri, en 1599 seulement.

avions à pieds nuds, car nous ne sçavions pas nager pour encores.

Estant de retour au logis, j'allay incontinant chercher ce qui s'y peut trouver de reste des cailloux tendres que j'y avoys apportez l'autre foys, et trouvay que tous les fragments de ceux que nous avions rompus, que ce peu qui y estoit demeuré en son entier estoient aussy durs que des cailloux ordinaires, dont nous fusmes ravys, aultant que le pouvoient estre des gentz de nostre aage. Et encores plus nostre precepteur et les autres de la maison, et eusmes bien lors du regret de n'en avoir faict un plus grand recueil lorsque nous les trouvasmes dans leur tendresse, et que nous n'avions observé de jour à autre quand ils avoient acquis leur entiere durté, et par quel progrez, car je les avois mis sur un ais le jour que je les avoys apportez de la riviere et ne m'en estoys plus souvenu, jusques à dix ou douze jours de là, qu'estantz retournez au baignoir, nous y avions trouvé le fonds du lict de la riviere tout remply de cailloux si importuns pour leur durté.

La mesme année l'on nous mena voir la Fontaine de Vaucluse (1), où j'admiray la clarté et limpidité de l'eau, au fonds de laquelle on eusse veu tout ce qu'on y eust peu jetter comm'on y void de l'herbe (que les bœufs y vont paistre avec grande avidité) et toute la varieté des couleurs des cailloux ou de gravier dont le lict est garny.

Les païsans qui nous servoient de guide, interrogez par quelqu'un de la trouppe, nous dirent que l'eau estoit tousjours ainsin claire, et que fort rarement sortoit elle trouble de sa gueulle, mais que peu de temps auparavant que nous y fissions nostre voyage, il estoit arrivé un grand trem-

---

(1) Peiresc devoit revenir à Vaucluse peu d'années après, en compagnie de son cher professeur de droit, le célèbre Pacius, lequel n'admira pas moins que son élève la magnifique fontaine. — Voir, parmi les lettres de Peiresc à sa famille (VI, 9), la lettre du 25 novembre 1602.

blement de terre en ce cartier là, qui troubla l'eau de la dicte riviere de Sorgue et la fit demeurer trouble quelques jours. Et de faict il me souvient que j'avoys ouy parler en Avignon de ce tremblement de terre, dont il se fit tout plein de bruict, sans neantmoings qu'il me souvienne s'il avoit esté resseuty jusques en Avignon ou non.

J'ay donques jugé depuis que le temps estant si proche de ce tremblement de terre autour de Vaucluse et de la formation de ces cailloux tendres à l'embouscheure de la dicte riviere qui en sort et qui se jette dans le Rhosne sur Avignon, que par ledict tremblement de terre il estoit croullé de la terre et des rochers dans les gouffres des eaüx soubsterraines qui se desgorgent à Vaucluse, cappables non seulement de troubler les dictes eaüx et de leur fournir quantité de limon, mais de leur fournir de la matiere et du germe ou sol de pierre disposé à la formation desdictz cailloux, de differantes couleurs, selon la diversité des terrains d'où ils pouvoient proceder. Et que le tout estant encores liquide et fluide avec l'eau de ladicte riviere, ayant rencontré le Rhosne grossy et venant à niveau fort mort et fort dormant en cet endroict là de son embouscheure, y avoit sesjourné assez longuement et rencontré la challeur de la saison competante, pour le faire cailler, en premier lieu comme de la glaire d'œuf paistrie avec le sable ou le limon, ou la boüe, et puis comme le plastre fraische-ment destrempé et employé qui acquiert peu aprez sa durté avec le temps. Voire que pour la forme ronde ou en ovale qui se void communement aux cailloux, oultre que leur disposition naturelle peult tendre à cette figure là aussy affectée que la figure plus parfaicte des autres pierres plus precieuses, il ne seroit pas inqueveniant (sic) de dire que ce germe ou sel de caillou fust de matiere assez grasse et . gluante pour conserver quelque rotondité dans l'eau, ou pour l'y acquerir au moindre bransle ou mouvement qu'aye ladicte. eaü. Principalement, si l'on presuppose que la meslange du limon ou du sable y adjouste de la gravité

qui retienne ce germe au fonds de l'eau, et le mouvement
de l'eau estant beaucoup moindre que dessus, le roulement
de cette matiere grasse et molle s'y doilt faire plus doulce-
ment, et quasi seulement pour l'arrondir comme la paste
que l'on roulle sur la farine, qui s'allonge plus facilement
qu'elle ne prend d'autre figure de globle plus parfaict. Et
surtout si ell'est plus destrempée, car le seul fardeau
l'applatit et l'allonge en roullant de soy mesmes. Que si
l'on veult qu'il s'en puisse cailler par toute l'espoisseur de
l'eau de la riviere, comm'il ne seroit pas incompatible,
voire en la surface superieure de la dicte riviere, comme
en la congelation du sel de mer et de la pluspart des autres
sels, je n'y trouvoys pas de l'inqueveniant et croiroys
facilement qu'à mesure que ledict germe se caille et qu'il
acquiest de la gravité et solidité, ce ne peult pas estre si
promtement que dans le temps de sa coagulation (pour
momentanée qu'il soit) il ne retienne assez de mollesse ou
tendresse pour estre cappable de s'allonger en penetrant
l'eau pour aller chercher le fonds de la riviere, s'il n'a
d'autre corps solide plus proche à quoy il se puisse
attacher.

Car quelque affectation qu'il aye à la figure ronde, elle
ne sçauroit traverser par exemple deux ou troys pieds
d'eau sans s'allonger et se rendre en forme ovale, si ell'a
assez de mollesse pour cela, comme seroit un morceau
d'argille bien destrempée, pour rond qu'il eust esté formé
en le jettant dans l'eau, surtout si l'on presuppose qu'il aye
quelque qualité grasse et gluante et qui ne se dissolve
pas incontinant dans l'eau, comm'il fault croire qu'aye ce
germe de caillou puisqu'il se trouve separé de l'autre eau
par la dissipation que faict de ladite eau l'ardeur de la
challeur et par mesme moyen la coagulation et separation
dudict germe qui ne se forme commodement qu'en temps
fort chauld comme le sel, et les pierres de Tivoli en forme
de dragées, qui ne se forment qu'au plus gros de l'esté.

Or il ne fault pas trouver estrange que cez cailloux se

soient formez de mon temps dans cette riviere là comm'aulcuns estiment que les cailious (1) et toutes les pierres ayent
esté formées en un coup avec toutes les montagnes lors de la
creation du monde. Car j'ay veu dans une cave gouttiere
au dessus de Tain en Dauphiné, vis à vis de Tournon, où
nous estions à l'estude (2), où c'est que l'eau qui distille
d'en hault des esgoutz des pluyes et qui penettre dans la
dicte caverne est passée comme une espece de lexive, qui
luy faict dissouldre en passant et traisner quant et soy de
ce germe de pierre, qui tombe liquide comme de l'eau et
d'aulcuns foys plus espoissy, ou moings liquide, et qui se
caille en sorte qu'il forme des chandelles ou gouttieres au
lieu d'où il distille par en hault, et en bas en sa cheute,
faict comme des mammelles et enveloppé d'une peau solide
et pierreuse, les cailloux de plus ancienne formation qui
sont par dessoutz et sur le pavé de la dicte groste, en
reunissant plusieurs petitz ensemble, comme le miel du
nogat unit plusieurs amandes en un seul corps. Ce qui
arrive en beaucoup d'autres lieux et dans les rivieres
mesme où plusieurs petitz cailloux du menu gravier se
rassemblent et attachent par ensemble, quand du germe
d'un autre caillou plus recent se va loger dessus.

Tesmoing le fer de cheval que j'ay enchassé dans un

---

(1) Peiresc écrit tantôt *caillous* et tantôt *cailloux*.

(2) Les deux frères Fabri firent leur philosophie dans le collège de Tournon,
alors un des plus florissants de toute la France. (*Gassendi*, p. 18.)

Cette maison fut de tous temps, et de nos jours encore, le rendez-vous de
la jeunesse provençale. Bon nombre des professeurs furent bas-alpins, au temps
de l'Oratoire et depuis, témoins le constituant Balthazar Bouche, J. P. de
Berluc, qui fut préfet du collège, Verdet, qui en fut le directeur, l'avocat
général F.-J. de Magnan, Sarrasin, Estachon, etc.

Le spirituel chroniqueur du journal le *Soleil*, M. Georges Niel (*Furetières*) a
récemment écrit de charmantes pages sur le collège de Tournon, en racontant
l'excursion en Provence des Félibres parisiens.

morceau de pierre, qui a embrassé je ne sçay combien de petitz menuz cailloux de differantes couleurs, mais le corps qui unit lesdictz menuz cailloux avec ledict fer de cheval est d'une substance commune d'une seule couleur et qualité. Il fut trouvé dans la riviere de Durance au droict de Perthuys et me fut donné par le feu sieur prieur Thomassin, frere de M. l'Advocat general, qui estoit moine de Montmajour (1). J'ay une espée trouvée dans le Rhosne, toute chargée de petitz cailloux attachez à la rouille de la lame de cette espée par une matiere de couleur noirastre, mais fort dure, et laquelle pouvoit avoir emprunté quelque teinture de la rouille du fer, tandis qu'elle estoit encores molle. Je l'eus de feu M. Templery (2), qui l'avoit recouvrée en Avignon où elle avoit esté peschée soubz le pont en peschant des lauzes (3).

J'ay encor un gros anneau de fer qui peult avoir servy à une ancre de navire, qui est tout chargé non seulement de cailloux, mais des morceaux de briques et de coquilles de mer, lequel a esté pesché dans le Rhosne au dessoubz d'Arles tirant à la mer ; je l'eus du feu sieur Agar.

J'ay encor un gros cloud de bronze antique que M. de

---

(1) Le *prieur Thomassin* n'est pas mentionné dans l'article, pourtant détaillé, qu'Artefeuil consacre à cette famille. Une obligeante communication de M. le marquis de Boisgelin supplée ainsi au silence des imprimés : « Barthélemy Thomassin, religieux à l'abbaye de Montmajour-lès-Arles, prieur de Pertuis, était le troisième fils de Jean André et de Catherine Estiénne. Artefeuil ne leur donne que six fils. Ils eurent en réalité sept fils et cinq filles, dont trois mariées avec Boniface Buisson, sieur de la Garde, Joseph Arbaud, sieur de Gardanne, Jean Salettes, sieur de Saint-Mandrier. »

(2) Sur l'archéologue Templery, voir le recueil Peiresc-Dupuy, I, 592, 598.

(3) Nom que l'on donnait en Provence à l'alose. — Voir dans le fascicule VIII des *Correspondants de Peiresc*, consacré au *Cardinal Bichi, évêque de Carpentras*, 1885, p. 27, une note où l'on rappelle que la maison de Lause (à Marseille et Avignon) avait pour armes parlantes, « si toutefois on peut user de cette expression à propos de poissons », des *aloses* superposées.

Lomenie m'a donné, lequel estoit vestu d'une crouste de pierre qui avoit comprins divers cailloux ou menu gravier dont il reste encores des fragmentz, et M. de Lomenie asseuroit qu'on l'avoit trouvé dans la riviere de la Seine.

Cez jours passez, le sieur Suchet (1) m'apporta de Marseile, de la part du sieur prieur de Saint-Nicolas de Saint-Victor, une petite virole de bronze qui peult avoir servy à quelques engins de la pesche, qui est toute garnie de pierre et de menu gravois attaché dans le vuide de ladicte virolle. Toutes lesquelles pierres sont sans doulte plus recentes et de posterieure coagulation à cez autres cailloux qui y sont enchassez aussy bien qu'à cez armes et autres instrumentz de fer et de bronze. Et les coquillages et poissons qui se trouve enclavez dans des pierres monstrent bien evidamment qu'ils ont eu vie et que depuis se sont formées les pierres où ils se sont trouvez engagez et de mesmes les plantes et la fleur que j'ay trouvée dans le mitan d'un morceau de pierre.

Il fault examiner la forme des cailloux des pierres precieuses non si fines que les Diamantz, Rubis, Saphyrs et Esmeraudes, ains de la qualité des Onyces et Agathes, lesquelles semblent avoir esté d'une matiere moings claire et moings limpide, ains plus gluante et par consequant susceptible de la forme ronde et ovale (comme les cailloux communs qui se font d'argille et terre grasse et limoneuse) plustost que des autres figures à facettes plus parfaictes et mieux proportionnées et autres pierres plus fines.

Et ne fault pas obmettre la differance de la qualité de la pierre qui est au centre desdictz cailloux, d'avec les pelleures et veines d'alentour de differantes couleurs et qualitez et mesmes de la qualité de la crouste exterieure, souvent bien differante du dedans, quoy que de mesme matiere,

---

(1) Sur les Suchet ou Souchet, qui formèrent une sorte de dynastie à Aix, voir divers détails dans le recueil Peiresc-Dupuy, III, 157.

comme la crouste du pain, et du fromage, et de la pattina
où vernis antique des figures ou medailles de bronze.

Finalement il fault considerer les pierres qui se forment
dans le corps humain, aussy bien que le sable, et qui y
prennent de l'accroissement par addition externe de la
matiere susceptible de petrification, qui est communement
glaireuse et gluante.

Le sieur Brun, maistre cirurgien de cette ville, voulant
entreprendre de tailler comme le sieur Thomas, opera-
teur (1), traicter un petit enfant de laict, qui estoit dans la
ruette nommée la bonne carrière, assez voisine de chez
nous (2). Il faisoit estat de la tailler en la forme qu'ils
appellent du petit appareil, et m'avoit adverty du soir
precedant de l'operation pour voir si je la vouloit voir (3),
mais du grand matin avant l'heure de l'assignation les
parentz de l'enfant l'envoyerent querir, sur un accident
survenu à ce petit enfant, à qui la pierre s'estoit advancée
jusques dans la verge et engagée sans pouvoir aller avant

---

(1) M. le docteur Chavernac, qui connaît si bien l'histoire de ses confrères
d'autrefois en médecine et chirurgie, n'a pu rien nous dire du chirurgien Brun,
ni de l'opérateur Thomas.

(2) Un tronçon de la *Bouano Carriero* (bonne rue) existe encore, sous ce nom
provençal, entre les rues Monclar et des Gantiers. Cette ruelle s'appelait primitivement rue du Four-du-Temple, parce que les Templiers y possédaient
un four public. Mais elle fut plus tard connue sous les noms divers de *carriero
de la Lapanarié, carriero dou Bourdèu, Bouano Carriero*, tout autant de
synonymes dont l'explication est superflue. On l'appelait encore *carriero dei
Peitrau*, désignation que Roux-Alphéran suppose analogue aux précédentes et
qu'il traduit par *rue des Poitrines... découvertes*, mais qui, plus vraisemblablement,
provient de quelque famille Peitral, établie dans cette rue. La *Bouano Carriero*,
située à l'angle sud-ouest du palais de justice actuel, était effectivement assez
voisine de la rue habitée par Peiresc, qui se détachait de la rue Rifle-Rafle,
non loin de la façade nord du même monument. On reconnaît encore, dans la
rue Rifle-Rafle, l'amorce de la rue où se trouvait la maison des Fabri.

(3) Évidemment le chirurgien Brun connaissait la curiosité de son concitoyen.

ni arriere. Ce qui obligea le dict Brun de fendre la verge par
le costé et en tira facilement la pierre qui estoit plus
grosse qu'un des plus gros noyeaux d'ollive et de couleur
blanche, mais fort solide et dure. En mesme temps il sortit
par la blesseure de l'urine en abondance, qui s'arresta tout
court et fit juger qu'il avoit une autre pierre qui en empes-
choit l'issüe; il ayda donques avec le doigt en la forme du
petit appareil si heureusement que cette seconde pierre
s'advança et sortit par la mesme blesseure, et aussytost
sortit pareillement quantité d'urine qui s'arresta une
seconde foys tout court, d'où il print occasion d'y attendre
une troisième pierre, laquelle il trouva plus facile à sortir
que les deux precedentes, et aprez l'enfant achever d'uriner
tout à son aise. Les trois pierres estoient quasi esgalles en
grandeur et de pareille forme comme des petites ollives,
toutes troys blanches, mais grandement differantes pour
la solidité et durté, car comme la premiere estoit fort dure,
la seconde avoit bien quelque solidité, mais tendre comme
du plastre employé d'un jour dans lequel l'ongle peult
s'enfoncer sans gueres de resistance. La troisiesme estoit
aussy molle que du plastre fraischement paistry, ou des
amandes maschées. En sorte que la seule gravité en pesan-
teur de sa corpulence quoyque bien petite, corrompoit la
rotondité de sa figure et la foisoit affaissor et applattir en
quelque façon, sans prendre pourtant sa liaison. L'impor-
tance est qu'au bout de huict ou dix jours ces troys pierres
qui m'avoient esté apportées et laissées en depos se trou-
verent esgalement dures et solides, et je les ay encores (1).
Ce qui monstre qu'il n'y a rien incompatible en la mollesse
des cailloux de la Sorgue sitost endurcie.

Des cailloux de la Crau, j'ay opinion que l'origine en
puisse venir de quelque estang qui aye autres foys couvert

---

(1) On voit par là qu'il y avait toute sorte d'objets, — même les plus
inattendus, — dans les collections de Peiresc.

toute cette grande plaine (1), soit que Durance *(sic)* (2) y
eusse peu autres foys penetrer, comme elle faict encores par
canaulx, ou bien le Rhosne mesmes, avant qu'il se fusse
ouvert le passage à la mer, au bas niveau où il est à present,
et de faict l'assiette de cette plaine est quasi comme le
fondz d'un bassin (quoyque plat et irregulier ou interrompu
de quelques bosses ou enleveures en certains endroictz).
Et quand on est au plus profond dudict bassin ou de la
dicte plaine, on y void les cailloux fort gros, quasi comme
la teste d'un homme et les moindres comme le poing.

Mais aux bords, et particulierement en celuy du costé
meridional qui s'approche des rivages des estangs, lesquelz
rivages sont eslevez comme des collines esmaillées à l'aspect de la mer ou desdictz estangs, et lesquelles collines
vont prendre pied en pente perdüe jusques soubz lesdictz
cailloux bien en avant, à mesure qu'on approche des bords
meridionaulx de la dicte Crau, les caillous commancent de
s'amoindrir peu à peu, de la grosseur d'un gros œuf à
un petit, puis à celle d'une noix et d'une amande et d'une
noixsette. Ce que j'attribüe au peu de fonds qu'avoit l'eau
en cet endroict là, et au dezadvantage du lieu qui estoit
plus exposé à l'injure des grands ventz du Mistral, voire

---

(1) Note marginale de l'auteur : « La mesme chose se peut dire des
autres lieux que l'on void si remplis de cailloux et de gravier souvent bien
hault au long des montaignes où il se peult estre arresté des eaües, qui ayent
depuis trouvé des ouvertures et crevasses. » — Voir, sur l'opinion de Peiresc
relative à l'origine de la Crau, Gassendi, l. IV, 1630, pp. 352-353.

(2) Un certain nombre de rivières et de montagnes provençales sont, dans
l'usage populaire, appelées simplement par leur nom, sans nulle adjonction de
l'article. C'est ainsi que l'on dit, tout court, *Durance, Calavon, Lar, Lare,* en
vertu d'une tradition qui remonte probablement aux temps lointains où les
peuples prêtaient une âme et une personnalité aux fleuves et aux forêts. Il
serait intéressant, voire utile, pour l'étude de nos origines, de dresser la liste
et la carte des cours d'eau et des hauteurs qui appartiennent à cette catégorie
et dont le territoire a dû jadis être occupé par une même race,.

du plus petit vent qui vient de ce costé là, cappable en faisant ondoyer l'estang de rompre l'union de la matiere du germe des cailloux et en faire d'un plusieurs, chascun desquelz recouvroit incontinent dans l'eau plus liquide sa naturelle rondeur ou approchante, comme qui jetteroit de la glaire d'œuf dans de l'eau fairoit aultant de corps aulcunement arrondis, comme il s'en separeroit de portions et de gouttes de son corps tout entier. Ce qui seroit encores plus apparent si la glaire d'œuf avoit commancé de se cuire et de rendre son corps moings subject à dissolution.

J'ay autresfoys faict dissouldre de diverses especes de sels dans de l'eau de vie et le tout bien fondu et mis dans une ventouse s'estant l'humidité desseichée, parceque le lieu estoit assez chauld et sec; j'y trouvay au fonds divers grains separez et de differantes figures selon la diversité desdictz sels, mais les grains qui estoient au fondzs de la ventouse estoient gros comme des feves et des poiz. Et ceux qui estoient aux bords de la dicte ventouse, où il y avoit moings de fonds de liqueur, estoient petitz, comme des grains de vezze et de millet.

IV.

LIMACES.

1635, 24 aoust.

Des limaces sans coquille, que les autheurs ont nommé
Cochka nuda, il m'arriva d'observer par hazard une bien
merveilleuse posteure de deux de cez animaulx, qui s'entr'embrassoient s'estoient suspendus en l'air pour cet effect,
vraysemblablement pour se faire l'amour et pouvoir res-
pectivement concepvoir, possible aultant l'un que l'autre,
s'ils sont hermaphrodites et s'ils n'ont distinction de sexe
à part l'un de l'autre, ce qui n'estoit pas recognoissable.

Ce fut le vendredy 24 aoust dernier 1635 que m'en allant
promener en carrosse à Trebeillane (1), je fus invité d'aller
voir en passant et me destourner un peu du chemin pour
aller voir l'austerité de l'abbord et amenité tout ensemble
de la situation de l'Hermitage de Saint-Honoré de Roque-
Favour (2), au territoire de Ventabren (3). Nous laissasmes
le carrosse au passage de la riviere de l'Arc et y montasmes
à cheval avec le R. P. Theophile Minuti, des Minimes,
M. Lombard et le sieur Balthazar Grange et Parrot, mon

---

(1) Dans la commune de Cabriès, arrondissement d'Aix. — La terre de
Trébillane, comme on l'appelle aujourd'hui, avait été apportée au frère de
Peiresc, Palamède de Fabri, par sa femme, Marquise de Tulle.

(2) J'ai eu le plaisir de visiter cet ermitage (mai 1880), en compagnie de ces
princes du félibrige qui s'appellent Léon de Berluc, Mistral, Roumanille.

(3) Commune du canton de Berre, arrondissement d'Aix.

homme (1), avec les guides. L'Hermite s'estant lors trouvé
absant, pour n'estre encore de retour de son pelerinage à
Saint-Symphorian du Vernegue (2), sans qu'il eusse laissé
les clefs de l'eglise en laquelle on trouva neantmoings le
moyen d'entrer par une vieille porte mal murée. Tandis
donc que l'on estoit aprez de faire ouverture des portes de
l'eglise (3), M. Lombard s'arresta autour d'un arbre qu'il y a
tout devant la porte de la dicte eglise, dont le tronc un peu
tortu soubstient un peu de berceau ou de cabane, pour y faire
ombre, et dont l'une des principales branches se couchoit
du septentrion au midy. Et s'apperceut que de ce tronc
couché (ou de la grosse branche qui en naissoit) il pendoit
en l'air une espece de pelotton en forme de poire (ou pyramidale) de la grosseur d'une orange commune, qui se
mouvoit continuellement, quoyque avec bien de la lentitude,
et estoit de matiere luisante comme gluante et baveuse
entortillée spiralement et en forme de limaçon, de couleur
gris brun roussastre. Au dessoubz de cette poire, il pendoit
encore plus bas une autre sorte de poire plus petite de
beaucoup, et fort blanche et quasi transparante, mais
fraizée, et pareillement entortillée spiralement, et ou le
mouvement paroissoit encores plus grand et sans cesse,
avec le tout estoit suspendu en l'air, par un cordon naturel
d'une matière blanche transparante, de la grosseur d'un
bout d'aiguillette, et de la longueur d'un bon demy pied,
entre la poincte de la poire et le tronc ou branche de
l'arbre, où il estoit attaché par de certaines racines ou
moindres fillets estendus en forme de rayons d'estoille tout
à l'entour de la naisçance dudict cordon. Lesquelz moindres

(1) Tous ces personnages sont bien connus des lecteurs de la Correspondance de Peiresc.

(2) Commune de l'arondissement d'Arles, canton d'Eyguières, à 62 kilo-mètres d'Arles.

(3) O curiosité, voilà de tes coups !

filletz et toilles d'araignée ou de chenilles et vers à soye avec quelque chose du lustre de la soye et de la trace aussy que laissent les limassons par où ils passent.

Dez que M. Lombard me donna advis de sa descouverte, je m'en approchay et parceque la courbeure du tronc ou branche de cet arbre n'estoit pas trop hault de terre, pour considerer cette merveille plus à mon aise je mis un genouil à terre et y demeuray une bonne demi heure (1), tousjours plus ravy en admiration et plus empesché à deviner ce que pouvoit estre. Ledict sieur Lombard vouloit coupper le cordon et emporter cette poire dans un mouchoir ou un gobellet de papier, ce que j'empeschay formellement, et ne voulut pas mesme souffrir que personne y touchast tant soit peuz ? pour attendre si avec la patience nous n'en descouvririons pas quelque chose de plus, sans destourner les animaulx de leur instincts naturels et sans leur faire aulcune violance, qui les destournast de leur occupation. L'une des plus jolies choses que j'y peusse observer, avant que recognoistre ce que c'estoit, tandis que cez deux animaulx estoient entrelassez ou entortillez en forme de limaçon pyramidale, et qu'ils s'entr'embrassoient l'un l'autre en l'air avec quel mouvement assez lent et qui n'estoit gueres bien susceptible si l'on n'y prenoit garde de bien prez, et avec un peu de balancement et tournoyement de toute la grosse poire suspendüe, provenant du mouvement plus grand qui paroissoit en la petite poire inferieure. L'une des plus jolies choses que j'y peus observer, avant que bien recognoistre que ce fussent des limaçons, fut que sur la convexité du doz de chascun limasson entortillé spiralement, je voyois un nombre infiny de petitz animaulx comme des cyrons qui alloient et

_____

(1) En cette situation peu commode, Peiresc était un martyr de sa passion. Mais qu'importe la fatigue à un ardent chercheur ? Et que sont, en toutes choses, les ennuis de la lutte auprès des douceurs de la victoire ?

venoient incessamment, qui d'un costé qui de l'autre, les uns en montant, les autres en descendan", les autres en traversant, et songeants à leur besoigne particuliere, comme font les fourmis, sans s'arrester, quoy qu'on regarde leur mesnage, et sans considerer si le lieu où elles sont est ferme comme la terre et les murailles, ou mobile comme les arbres et animaulx plus grands, et comme le sault des pulces sur le cuir d'un chien ou d'un chat à travers le poil.

Aprez donques avoir longuement consideré cette merveille, ayant un peu approché mon doigt de cette poire sans la toucher pourtant, je vis sortir de vers le bas d'icelle deux petites cornes de limaçon qui furent bientost suyvis de deux autres, et ne tarday pas de voir paroistre les deux testes des deux limaçons, qui s'entrebaisoient au fonds de la plus grosse poire et commencerent à se desprendre l'une d'avec l'autre et à faire paroistre leur separation. Lors la plus petite poire inferieure commencea de se desvelopper peu à peu et de faire paroistre deux divers corps de couleur blanche, transparante, comme l'allum à peu prez, en forme d'une fraize chascune à part et pareille l'une à l'autre, de la longueur de deux poulces, dont l'une feust absorbée petit à petit par l'une des deux limaces, tandis que l'autre estoit encores pendante à l'autre limace. Et c'estoit comm'au droict de l'oreille ou soubz la corne gauche qu'estoit le trou par où entroit cette fraize dans le corps du limaçon tant en l'un qu'en l'aultre de cez deux animaulx. Quand ils eurent absorbé ou r'engayné chascun leur fraize ou leur membre genital, si cela peult estre, comme possible n'y a t-il rien d'incompatible, quelque parité qu'il y eust de l'un à l'autre sans distinction apparante du sexe, l'un des limaceons commencea de se despendre d'avec l'autre, et parce qu'ils avoient toutz deux leur teste pendüe en bas vers le gros bout de la poire et leur queüe en hault vers la poincte ou le plus petit bout d'icelle, cet animal voulant

3

remonter en hault commencea de faire ramper sa teste et
sa poictrine sur le gros bout de ladicte poire, et tant sur
le dos de l'aultre animal que sur le sien propre, et peu à
peu s'advançoit en hault sans que l'autre bougeast de sa
posteure spirale jusques à ce que celuy là fusse desja
monté bien avant contre le cordon où ils estoient suspendus
toutz deux. Et l'autre animal commencea aprez de tourner
pareillement sa teste en hault et de la faire ramper sur
son propre corps et sur ledict cordon, suyvant l'autre
animal d'assez prez, toutz deux ayantz eschellé en rampant
tout ledict cordon, et par aprez le tronc et la branche
mesme de l'arbre jusques à ce qu'ils furent l'un et l'autre
hors de prinse ou d'attainte. Laissants leur trace luisante
partout où ils passoient comme c'est la coustume de tels
animaulx. Et laissant le cordon pendu à sa place, dont
j'ay bien du regret que je ne mesuray la juste longueur et
espoisseur.

Cez animaulx paroissoient fort gros et fort longs en
montant sur le tronc de cet arbre et estoient de pareille
grandeur et couleur l'un à l'aultre, et traisnoient sur leur
dos toute cette petite vermine qui continuoit d'aller et venir
çà et là, tandis qu'ils continuoient d'eschellier sur l'arbre,
comme si cez petitz menus animaulx nageoient dans la
glaire ou bave humide dont cez gros limaçons estoient
couvertz. Leur longueur, quand ils estoient bien estendus
sur le tronc ds l'arbre, n'estoit pas de moings de cinq ou
six poulces, tantost plus, tantost moings à peu prez, et la
largeur d'un demy poulce ou environ, plus et moings aussy
selon la force qu'ils faisoient pour advancer leur chemin.
Leur couleur estoit de gris brun tirant au roussastre et au
noirastre, et la vermine qui rouloit dessus estoit blanche
et paroissoit moings, en l'action du rampement des gros
animaulx, parce qu'ils froussoient et ridoient en quelque
façon leur doz. Que quand ils estoient accouplez ensemble
et suspendus en l'air que leur corps estoit plus uny et plus
poly, sans rides. Or, en rampant tant sur le cordon que sur

le tronc de l'arbre, cez deux gros animaulx faisoient paroistre bien souvent un trou de forme ovale de telle grandeur qu'un moyen faziol y eusse peu rentrer. lequel trou n'estoit que d'un seul costé et nommement du gauche en l'un comme en l'autre. Mais il sembloit lors qu'il fusse à un poulce loing dessoubz la corne gaulche. Et toutefoys j'estime que c'estoit le mesme trou par où estoit sorty et s'estoit r'engayné le sexe de l'un et de l'autre animal, ou du moings cette fraize, et que l'extension de l'animal pour ramper en avoit augmenté la distance apparante allors. Comme la contraction precedante l'avoit faict paroistre si proche de la corne. Et de faict par l'ouverture d'iceluy je pouvoys discerner interieurement un grand creux dans le corps de cet animal, comme par le trou d'une lanterne, car le corps de l'animal estoit assez transparant à cet endroit là, pour y laisser penetrer la clarté du jour, et y entrevoyois quelque portion de ce corps blanchastre en forme de fraise ou de boyaulx.

J'oublioys de remarquer que tandis que ces deux animaulx estoient accouplez et suspendus en l'air, en l'acte de leur besoigne genitale, si cela pouvoit estre parmy le mouvement de cez deux fraises entortillées, et que le mouvement y estoit reciproque, tantost par retraction, et tantost par extension, ce qui donne plus d'occasion de conjecturer que fust pour la generation (1).

---

(1) Le limaçon est effectivement un être bisexuel. — Voir, sur les amours de ce gastéropode, une charmante page dans la docte et littéraire étude de Ch.-P. Jullien, sur la *Rose*. (Reims, 1863, p. 243.)

V.

MOMIES [1].

Memoires pour les Mommyes et autres curiositez ægyptiennes qui se peuvent rechercher et recouvrer au grand Cayre et ez environs.

Il se trouve communement en Ægypte, vers le Grand Cayre, des mommyes ou corps humains enveloppez de bandelettes de toille si bien embaulmez que tout y est conservé parfaictement bien et sans corruption, non seulement les os et la chair, mais aussy les dictes bandelettes de toile et la peincture qu'ils mettoient par dessus, ensemble les estuys ou caisses dans quoy on les enfermoit, et la peinture mesmes dont ils paignoient lesdictes caisses ou estuys par le dehors. Mais toutes n'estoient pas esgallement enrichies de peincture ou de doreure, selon la diversité des moyens plus ou moings grands des personnes que l'on faisoit ainsin embaulmer.

S'il y a moyen d'avoir à prix honneste une mommye toute entiere de celles qui sont les plus belles et les mieux

---

[1] Ce morceau n'appartient point aux liasses indiquées dans l'*Acertissement*; je l'extrais, par exception, du registre LIII de la collection Peiresc, lequel registre est rempli d'observations de diverses merveilles de la nature et d'instructions pour curiosités. C'est de tous les manuscrits de l'Inguimbertine un de ceux qui ont été le plus ravagés par Libri. — Voir, sur Peiresc et les momies, Gassendi, liv. IV, à l'année 1630, p. 356.

conservées, on la payeroit volontiers, mais on desireroit que toute la peinture y fust bien conservée, tant sur l'estuy ou caisse que sur la toille du dedans, avec le masque lequel bien souvent ils vouloient mettre sur le visage pour le mieux conserver. Et celles qui ont plus de peinture et de figures et de lettres hieroglyphiques seront meilleures que les autres pour ce qu'on en a affaire.

On y souloit aussy ficher des petites idoles de cuyvre ou de boys ou autre matiere à l'endroict des pieds par dehors des dictes caisses. Et s'il y avoit moyen d'avoir le tout bien assorty, on l'estimeroit encores davantage. En ce cas, il fauldroit faire enfermer ledict estuy tout entier ou caisse antique dans une caisse neufve plus grande faicte exprez pour mieux conserver le tout, et faire mesme envelopper ledict vieil estuy de boys, de quelque cotton, estouppe ou drapperie propre à bien conserver la peinture par les chemins. Et puis faire emballer le tout soigneusement et en charger quelque navire flamand, soubs l'adresse de M. de Valbelle, lieutenant de l'admirauté à Marseille, pour le faire tenir au sieur de Peiresc.

Mais parce qu'il y aura bien possible de la difficulté d'avoir de long temps la commodité de prendre et transporter une piece de telle qualité et condition toute entiere, on desire cependant de recouvrer des fragments de la toille peincte dont les corps des mommyes plus precieuses sont enveloppez pourveu qu'il s'y cognoisse des figures ou d'animaulx et principalement des lettres et caracteres hieroglyphyques semblables à ceux qui sont gravez dans les aiguilles et pyramides.

Comme aussy des fragments des figures et idoles de boys antique, lesquelles se trouvent auprez des dictes mommyes faicts en formes humaines ou d'animaux. Toutes lesquelles figures de boys antiques sont bonnes à recouvrer de quelque forme qu'elles soient, principalement si elles sont bien conservées avec leurs colliers ou couronnements

et autres choses qu'ils leur fichoient ordinairement sur la
teste. Et les figures de cuivre ou de bronze ou de pierre
servants à mesme usage seront encores bonnes à recouvrer
si le prix en est modéré. Hors de celles qui sont si communes et qui ressemblent toutes à un estuy de mommye
ou à un enfant emmaillotté, desquelles il ne fault pas se
charger.

Il y a encores des vases qui servoient à mesme usage,
soit de pierre ou de terre cuitte, dont les couvercles ou
bouchons estoient de boys ou de pierre ou de terre cuitte,
mais figurez en formes de testes humaines ou de bestes.
Et parfoys peintes de diverses couleurs et escriptures. Or
on vouldroit bien en avoir quelqu'un soit grand ou petit,
qui fust bien entier et bien conservé avec son couvercle. Et
en ce cas il luy fauldroit faire faire une cassette pour
l'apporter avec du cotton ou de l'estouppe et le bien emballer
de peur qu'il ne se casse par les chemins.

Cez momies sont quelques foys farcies par dessoubs les
bandelettes de diverses petites figures et idoles de cuivre
ou de terre esmaillée et parfoys d'argent, qui sont toutes
bonnes à recouvrer. Elles en portent quelquefoys aulcunes
pendües au col, comme on faict aujourd'huy les Agnus-Dei,
par religion, et s'il s'en recouvroit quelque une avec la
chainette ou le cordon dans quoy elles estoient passées et
pendües on l'estimeroit plus que de les avoir toutes nües.
Qui plus est elles ont quelque foys de chaines à l'entour du
col ou de la poictrine, qui ne sont que des grains de terre
cuicte vernye ou esmaillée de verd et de quelques autres
couleurs enfillez comme des chappelletz qui sont figurez de
differentes sortes, les uns comme des crappaulx ou gre-
nouilles, ou plustost reynettes, qui sont naturellement
de mesme couleur verte, les autres comme des tans ou
tavans, ou escarbots que les Latins appelloient scarabœos
et les Provençaulx escaravays, et autres comme singes,
oyseaux et autres animaulx de ronde bosse ou de demy
bosse. Et par foys des figures humaines entieres, ou seules

ou accompagnées jusques à deux trois et cinq ensemble, soit toutes droictes ou assises, ou agenouillées. Ils y mesloient quelques foys de petites placques enfillées en forme de fleurs, de fruicts, et autres choses, telles à peu prez que ce qui se verra represanté en quelques empreintes cy joinctes au papier cotté partie A (1), le tout de terre esmaillée en vernye de verd.

Et de cez petits grains ou marmousets qui ne sont que terre cuitte on en recouvrera volontiers si bonne quantité que l'on pourra, principalement de cez petites placques propres à enfiller en chaine ou brasselests de quelque figure qu'ils soient. Exceptant seulement cez sortes de figurettes ou marmousets de terre verte qui sont faictes comme les mommoyes ou comme enfans emmaillottez, parce que cela est trop commun et qu'il ne s'en fault poinct charger, si ce n'est qu'il y eust quelque chose bien extraordinaire par dessus.

Il s'y trouve encores d'autres sortes de plaques de terre verte ou vernye toutes quarrées et remplies de diverses figures, lesquelles se coulsoient ou accrochoient sur les habillementz, qui sont encores bonnes à recouvrer, comme aussy d'autres plaques semblables à un fragment d'aisle d'oyseau dont on vouldroit bien avoir la piece entiere, principalement si elle ne consiste qu'en un globe entre deux aisles, comme l'on croid que faisoit celle dont on a faict mouller le fragment cy joinct cotté par lettre F.

Dessus ou dessoubs la langue desdictes mommyes, il se trouve parfoys des petites pieces de cuivre ou d'autre metail, qu'il est bien de recueillir.

Finallement il se trouve parfoys des grands quarreaux de brique ou terre cuitte de diverses grandeurs, vernis et esmaillez de couleur verte, avec des figures de relief et de platte peinture, en forme de taille doulce seulement du

(1) Ne se retrouve pas dans la registre LIII.

noir sur le verd et afforce escripture. On dict mesmes qu'il s'en apporte parfoys de Bagdet *(sic)* et de la Mecque et autres païs d'autour de la mer rouge. S'il s'en pouvoit avoir quelques uns soit entiers, ou rompus, mais principalement ceux qui seroient bien entiers et bien conservez, et bien garnys de figures et d'escripture, on les payeroit bien volontiers.

Il fauldroit que le P. Theophile (1) pragne la peine d'aller voir avec seuregarde et scorte, quelques unes des grottes où sont conservées lesdictes mommyes, et qu'il en dresse un peu de relation particuliere tant de la forme desdictes grottes que de l'ordre qu'on y a observé, pour y loger et ranger lesdictes mommyes et pour y appliquer auprez de chascune leurs petites idoles, et s'il est possible en faire ouvrir plusieurs pour en arracher au moings des toilles peinctes dont elles sont enveloppées, principalement de celles qui seront plus enrichies de peinteures, doreures et escripteures.

---

(1) Il s'agit du P. Th. Minuti, un des plus zélés collaborateurs de Peiresc dans les pays orientaux. C'est en 1629 qu'il fit, pour le compte de Peiresc, son premier voyage, muni, entre autres instructions, de celle qu'on vient de lire. Il en revint l'année d'après, apportant, parmi les curiosités qu'il avait recueillies, deux momies entières.

VI.

MONSTRE MARIN.

Comme il s'est veu de long temps rien de si extraordinaire ne de plus memorable que ce monstre marin de forme humaine qui parut aux costes de Belle-Isle quelques années y a, l'on ne sçauroit aussy apporter trop de formalitez et d'exactesse, pour en verifier tous les tenants et aboutissants qui s'en peuvent sçavoir, soit par une information judiciaire faicte de l'authorité des officiers du lieu en vertu d'un commandement du seigneur ou la requisition de quelqu'un des siens, ou bien de quelque curieux, où l'on puisse enquerir moyennant serment des personnes vivantes principalement qui en pourront estre tesmoings oculaires, soient hommes ou femmes, et quant à celuy qui parut entre les Rochers du Benignot et de la Feignouse, s'il y avoit moyen d'en avoir la relation de la bouche mesmes du cappitaine Lisle, lors gouverneur de la paroisse de Sauzon, ce seroit bien la meilleure piece de toutes ; mais en deffault de ce au cas qu'il ne soit plus en vie ou en lieu commode à ce dessein, il fauldra se contenter de ceux qui l'auront apprins de luy, et de ceux qui s'y pourront joindre tesmoings de veüe.

Surtout il sera necessaire de faire marquer le temps le plus precis que faire se pourra, non seulement pour l'année, mais aussy pour la saison, et pour le jour si faire se pouvoit.

Sans obmettre les dimensions plus approchantes de sa stature, et de combien de diamettre est le poinçon de vin en ce païs là, pour en prendre argument de la comparaison qui s'en est faicte à la grosseur de son corps. Ensemble de quelle haulteur il pouvoit estre à peu prez et la posteure où il estoit assis.

Le voyage faict en mesme temps du costé de Vannes par aulcuns habitans de Belle-Isle, où ils eurent en rencontre quelque chose de pareil, pourroit fournir quelque circonstance cappable de donner le vray temps à peu prez.

Que s'il n'y a pas de moyen de le determiner bien precisement, il fauldra se contenter de faire dire qu'il n'y a plus (*sic*) de tant d'années, de moings de tel autre nombre que l'on pourra arbitrer. Et marquant la saison de l'année par la sorte d'autre pesche qui se faisoit lors, il y aura moyen de suppleer le restant.

VII.

MONTAGNES ET ROCHERS.

Des alignements parallèles des plus grandes montagnes et des plus longues et de leur suitte du Levant au Ponant, ensemble du rang et de l'assiette des bancs des rochers les uns sur les autres, et du biaiz ou de la pente d'iceulx.

Juin 1635.

Le 20 janvier 1635 nous estantz aller promener au delà de la chapelle de Saint-Marc (1), avec M. Gassend, prevost de l'Eglise de Digné, et M. Gaultier, prieur de la Valette, et estantz descendus de carrosse dez le moulin de Bastety (2) pour mieux considerer le paisage et la situation et qualité des montagnes ou collines, et des veines des rochers posez en forme de bancs les uns sur les autres, et en quel sens

---

(1) Saint-Marc de la Morée, vulgairement connu sous le nom de Saint-Marc de Lar, appartient à la commune de Meyreuil, dont le chef-lieu est situé à sept kilomètres d'Aix.

(2) Le moulin de Bastéti est dans la commune du Tholonet. On dit proverbialement : *Vai te faire blanchi à Bastéti.*

ils prenoient leur pente, nous avons recogneu fort appa-
remment que la suite du dos du MONTAIGUEZ (1) monstre
d'avoir esté continuée au delà de la riviere de l'Arc et
joincte autres foys aux rochers où est bastie la chapelle
de Saint-Marc, qui continuent encores plus loing. Car les
divisions des bancs ou des veines des ditz Rochers, et la
pente mesmes que prennent les dictes separations de bancs
respondent d'un costé de la riviere à l'autre, laquelle en
cet endroict là biaise son cours du Midy quasi au Septentrion, pour venir se jetter dans la vallée d'entre les dictes
montagnes et la ville d'Aix, qui va du Levant au Ponant.
Nous avons donc traversé la bresche de la dicte montaigne,
cheminants du Septentrion au Midy. Et quand nous avons
esté par delà cette chapelle de Saint-Marc qui est au Midy
de cez rochers, et en veue du chasteau de Meirueil, et que
nous nous sommes retournez à l'aspect du Midy au Septentrion, nous avons encores mieux recogneu le rapport
indubitable et le niveau des bancs ou divisions des veines
desdictz rochers d'un costé à l'autre de la dicte riviere. Et
de plus que, comme la pente septentrionale de toutes les
dictes montaignes, tant du costé de Saint-Marc que de
l'autre costé de la rivière qui joinct les dictes montaignes,
va quasi de pente perdüe, ou en escharpe, si on considere
le corps interieur desdictes montagnes à l'endroict de la
bresche par où coule la dicte riviere de l'Arc, en sorte que
toutes les veines, bancs ou divisions desdictz rochers ont
leur pente ou leurs alignementz et estendues quasi paralleles à la superficie superieure de la face de la dicte

---

(1) On appelle Montaiguez ou Montaiguet une chaine de collines qui, au
sud d'Aix, domine la rive gauche de l'Arc ou Lar, le fleuve minuscule illustré
par la victoire de Marius. — Voir l'excellente dissertation de M. Maurice de
Duranti La Calade, ancien conseiller à la Cour d'Aix : *Observations d'un habitant
d'Aix sur la brochure de M. le capitaine Dervieu, intitulée: Campagne de C. Marius
contre les Teutons*, (Aix, Achille Makaire, 1892, brochure gr. in-8°.)

montagne qui regarde au Septentrion, il n'en est pas de mesme du costé de la dicte montagne qui est à l'aspect du Midy. Car touts les bancs desditz rochers y semblent rompus et brisez ou tranchez, en sorte qu'ils peussent primitivement avoir esté continuez plus oultre, mais qu'ils ayent esté rongez ou entamez, par quelque courant d'eau de grande force et competante, soit du temps mesmes que la bresche par où la riviere de l'Arc traverse le Mont-Ayguez a esté faicte, ou long temps auparavant.

L'un et l'autre, tant ladicte bresche qui traverse ladicte montaigne, que le retranchement du chantier, ou de la barre qui règne au long de ladicte montagne quasi universellement en sa fassade meridionale, ne pouvants avoir esté faicts que du temps que touts cez rochers n'estoient pas si endurcis qu'à present, ou tandis qu'ilz estoient tendres ou possible bien mols, soit comme argille, ou comme terrain paistry fraischement, ainsin qu'il arrive souvent au bord des grandes rivieres aprez des inondations qui ont charrié en aulcuns endroictz quantité de limon ou du sable, par diverses couches ou rangs estendus les uns sur les autres, et aulcunes foys de differantes couleurs de terrain, dont se trouvent comblées diverses fondrieres et couvertes des campagnes; à travers lequel limon, à mesure que les eaües s'escoulent, se forment des canaulx de petitz ruisseaux, qui suyvent communement le cours le plus ordinaire de la riviere joignante, ou le croixsent et traversent selon la necessité des escoulementz des eaües, et entament cez couches de sable ou de limon ou de terrein ou de gravier, quasi avec la mesme facilité, qu'elles y avoient esté deschargées par la riviere durant la plus grande haulteur et inondation. Dont nous avons veu des exemples toutz recentz au bord de la mesme riviere, et du canal du Moulin Fort (1),

(1) Le Moulin-Fort porte aussi le nom de moulin des Trois-Sautets.

avant que nous retirer, par les desgorgementz de l'eau du ruisseau du Pont de Corbé, qui se vient jetter dans l'Arc au droict de l'escluse dudict moulin.

Au delà de ladicte eglise de Saint-Marc, sur le chemin de Saint-Maximin, nous avons veu paroistre un autre petit rang de montagnes moings eslevées, au delà d'une petite plaine, lesquelles se trouvent rangées tout de mesmes que celle du Montayguez, ayantz leur pente fort douce du cousté du Septentrion et les rangs ou veines des rochers paralleles à la dicte pente à peu prez, les unes sur les autres.

Or la riviere de l'Arc traverse du Midy au Septentrion ladicte montaigne comme celle du Montayguez, et y estantz allez en nous promenant avons trouvé que l'aspect meridional en estoit tranché (comme le chantier des lizieres de la riviere de l'Oyse) et esmoussé tout de mesmes que les rochers de Saint-Marc. Y ayant bien de l'apparence que les uns et les autres ayent esté formez en mesme temps et d'une matiere de pareille nature à peu prez, et vraysemblablement entamez, ou esbrechez, en mesme temps aussy, l'un comme l'autre, ou par une mesme suitte et consequance d'escoullementz des eaües, dont ils peuvent avoir esté couverts.

De là nous descouvrions fort visiblement une autre montagne qu'on appelle lou Serry dau Cengle en vulgaire, qui est vers Saint-Antonin (1), dont nous voyions le costé du bout occidental, et en biaiz descouvrions une partie de son estendüe qui va du Ponant au Levant d'une considerable longueur jusques à Negreaux et par delà. Mais il s'y recognoissoit quasi la mesme chose pour l'ordre et situation des bancs ou des veines des rochers en pente

---

(1) *Lou Serri* (*serrum*, crête dentelée) *dóu Cengle* (*cingulum*, escarpement circulaire) est une montagne située entre la commune de Saint-Antonin, au nord, et celle de Châteauneuf-le-Rouge, au midi (canton de Trets).

perdüe du Midy au Septentrion, et le tout brisé à l'aspect non seulement du Midy, mais encore du Couchant.

En considerant mesmes la masse de la grande montaigne vulgairement appelée de Sainte-Venture (1) ou Rupes Victoriæ, il se voyoit assez clairement aultant qu'il s'en pouvoit juger de loing que sa fassade meridionale est fort droicte à comparaison de la septentrionale, qui est fort accessible du costé de Vaulvenargues (2), et quasi tranchée, comme les precedentes, du costé de la fassade meridionale.

Et si je ne me trompe la pluspart des autres grandes montaignes de la province sont fondées d'une façon fort pareille et quasi avec les mesmes circonstances et qualitez, principalement pour l'assiette des rangs ou des veines de ro_hers, et pour la fassade meridionale esmoussée et plus soudaine ou droicte que la septentrionale ; si ce n'est celle de la Sainte-Baulme, ce qui peult provenir de quelque autre cause d'irregularité. Car celle de Coudon, prez Solliers (3), et toute la suitte des montaignes depuis Tollon a Olliolles (4), celle de l'Aigle ou de Cæsarista ou Cereste

---

(1) Aujourd'hui Sainte-Victoire, en provençal *Santo-Ventùri*. C'est la haute montagne qui domine, à l'Orient, le paysage d'Aix et sur laquelle s'élève la *Croix de Provence*, avec ses quatre inscriptions grecque, latine, française et provençale.

(2) La commune de Vauvenargues (canton d'Aix), qui a donné son nom au grand moraliste, au grand écrivain, dont le frère, à la veille de la Révolution, vendit ses biens et droits à la famille d'Isoard.

(3) Solliès-Pont, l'ancien fief des Forbin, est un chef-lieu de canton de l'arrondissement de Toulon. La montagne de Coudon, dont le nom rappelle celui de Cydon, fut ainsi désignée sans doute par les Grecs de Marseille. Dans la langue provençale, le coing s'appelle *coudoun*.

(4) La sauvage beauté des gorges d'Ollioules (canton de l'arrondissement de Toulon) est légendaire.

prez là Ciotiat (1), celles de Marseille Veire (2) et de la Coste, puis Arenc au Martigues (3), vont d'un mesme sens et d'un mesme biaiz. Il les fault dezhormais examiner toutes plus exactement selon les occasions qui se presenteront de les visiter et si faire se peult celles des isles d'Ieres qui sont dejà quasi comblées dans la mer et les autres isles maritimes pour descouvrir mesmes dans la mer si elles ne sont pas tranchées plus à plomb du costé meridional que de l'opposite, bien que cela ne soit pas tousjours necessaire, ne possible, advenu si frequemment que je me l'imagine.

Tant est que tousjours est ce chose constante et indubitable que toutes les grandes montagnes de cette province ont l'estendûe de leur plus grande longueur en l'allignement du Levant au Ponant, et les plus part des collines qui ont quelque suitte des unes aux autres sont pareillement allignées du Levant au Ponant.

Cet ordre estant fort peu interrompu, si ce n'est aultant qu'il est necessaire, pour la situation et esgout des eaûes pluviales, qui forment des petites vallées naissantes contre les fassades tant septentrionales que meridionales desdictes grandes montagnes, lesquelles vallées se continuent aulcunes foys bien loing, pour la conduitte des escoullementz des eaûes, et y forment par mesme moyen, non seulement les canaux des rivieres, mais des vallées costoyées de diverses petites collines qui demeurent de part et d'autre, à mesure que les rivieres et torrentz en emportent la terre plus mobile.

---

(1) Il faut se garder de confondre *Ceyreste*, à 4 kilomètres de la Ciotat (canton de l'arrondissement de Marseille), avec *Cereste* (commune du canton de Reillane, arrondissement de Forcalquier), qui fut un duché des Brancas.

(2) *Marseille Veire* paraît être, comme son nom l'indique (*Massiliam veterem*), la station celtique des anciens habitants de la côte marseillaise.

(3) *Arenc* est une plage entre Marseille et Martigues.

A Boysgency la vallée va du Septentrion au Midy pour la descharge d'une partie de l'esgout des eaües de la face meridionale de la Sainte-Baulme, qui viennent prendre leur destour par Signe (1) et Meaulnes (2), mais la façade meridionalle qui y paroit (dicte las Calanques) de la montagne de Montrieu (3) y est de plus de precipice beaucoup que la septentrionale quoyque bien droicte et de peu de pied.

Le banc de la façade meridionale (opposée à la porte septentrionale de la chapelle Saint-Michel) en cette haulte montaigne qui couvre Boysgency du Levant nommée Truchys monstre la mesme disposition du rangement des veynes du rocher à peu prez et a sur le derriere la pente perdûe, comme les autres montagnes cy devant descriptes.

Cette verité paroist en l'allignement des montaignes des Baulx (4) qui viennent du Ponant au Levant, entre la Crau et la Durance, puis en celle du Vernegue (5) et des Taillades (6) et de la Roque, et avec quelque interruption vont reprendre quelque allignement quasi parallele et

---

(1) *Signes* fait partie du canton du Beausset, arrondissement de Toulon, à 35 kilomètres de cette ville.

(2) *Méounes* appartient au canton de la Roquebrussane, arrondissement de Brignoles, à 20 kilomètres de cette ville.

(3) Le nom de *Montrieux* a été illustré par la célèbre Chartreuse, plusieurs fois mentionnée dans la correspondance de Peiresc et toute voisine du village de Méounes.

(4) *Les Baux* forment une commune du canton de Saint-Remy (arrondissement d'Arles). Les archéologues et les poètes ont salué bien souvent la majestueuse beauté de cette ancienne ville forte, aux trois quarts ruinée et dont le site est étrangement pittoresque.

(5) Nous avons déjà vu que la commune de Vernègue est dans le canton d'Eyguières.

(6) Le nom de *Taillades* est porté par une commune du canton de Cavaillon, arrondissement d'Avignon, à 32 kilomètres de cette ville.

4

relatif en quelque façon aux precedentz en la montaigne
de Sainte-Venture qui va entre les terroirs de Saint-
Antonin, Puyloubier (1), Pourrieres (2) et Ollieres (3) d'une
part, et ceux de Saint-Marc-Vaulvenargues (4), Rians,
Artigues (5), Esparron (6) et soubs quelque interruption
reprend la suitte des montagnes d'Aulps (7) et aultres
possible jusques à Couyet (8) et Peiresc (9), plus au midy
vers le Martigues (10) y a un rang de montagnes entre la
mer et l'estang de Berre qui vont du Ponant au Levant et
suyvent la coste jusques à Settemes (11) et Allauch (12) ou

---

(1) La commune de Puyloubier, à 18 kilomètres de Marseille, appartient
à l'arrondissement d'Aix, au canton de Trets.

(2) Pourrières est dans le Var, arrondissement de Brignoles, canton de
Saint-Maximin.

(3) Ollières (même canton) était le marquisat des Félix.

(4) Saint-Marc de Jaumegarde, vulgairement de la Plano (canton d'Aix),
était le fief des Meyronet.

(5) Artigues est du canton de Rians, lequel canton est de l'arrondissement
de Brignoles. Je n'ai pas besoin de rappeler que les Fabri furent barons, puis
marquis de Rians.

(6) Esparron de Pallières est du canton de Barjols, arrondissement de
Brignoles.

(7) Aups est le nom d'un chef-lieu de canton du département du Var,
arrondissement de Draguignan.

(8) Le Grand-Couyer, que nous allons retrouver dans le chapitre IX, est une
montagne des Basses-Alpes, de 2,700 mètres d'altitude.

(9) Peiresc, que le Dictionnaire Joanne appelle Peyresq (double inexactitude),
est une petite commune (moins de 250 habitants) du canton de Saint-André-
de-Méouilles, arrondissement de Castellane, à 54 kilomètres de Digne.

(10) Aujourd'hui, les Martigues, chef-lieu de canton de l'arrondissement
d'Aix, presque à égale distance d'Aix et de Marseille.

(11) Septèmes appartient au canton de Gardanne, arrondissement d'Aix.

(12) Commune du canton de Marseille, voisine de cette ville (9 kilomètres).

Notre-Dame des Anges (1), lou Garlaban (2) et autres,
lesquelles vont reprendre celles d'entre Trez (3) et
Saint Zacharie de Belcoudenes (4) et Rochefort (5), entre
l'Arc et l'Uveaulne (6). Plus avant au Midy, le rang
des montaignes qui viennent de Marseille à Aubaigne (7),
et là aprez un peu d'interruption, Roquevayre recommance
un autre ordre jusques à la Sainte-Baulme et à la Roque-
Broussane (8), et par delà Brignole. Un peu plus oultre des
isles de Rattoneau et Poumegues en mer (9), et Marseille
Veire quasi en alignement et la coste de Pontmieu (10),

---

(1) La montagne de Notre-Dame des Anges, entre Aix et Marseille, possède
un ermitage célèbre dans les fastes oratoriens.

(2) Lou Garlaban ou Gardelaban est une montagne près d'Aubagne.

(3) Trets, chef-lieu de canton de l'arrondissement d'Aix, vient d'être l'objet
d'une savante monographie que j'ai eu le plaisir de beaucoup louer dans le
Bulletin critique : Recherches archéologiques et historiques sur Trets et sa vallée,
par M. l'abbé Chaillan. (Marseille et Paris, 1893, in-8°.)

(4) Belcodène, commune du canton de Roquevaire, arrondissement de Marseille, à 33 kilomètres de cette ville.

(5) Roquefort, commune du canton de la Ciotat, à 43 kilomètres de Marseille.

(6) L'Huveaune, en provençal l'*Evèuno*, prend sa source sur le revers septentrional de la Sainte-Baume, entre Nans et le Plan d'Aups (Var), et se jette
dans la mer à l'extrémité du Prado, la délicieuse promenade de Marseille.

(7) Sur Aubagne, chef-lieu de canton de l'arrondissement de Marseille, à
17 kilomètres de cette ville, voir la plantureuse monographie de feu le
docteur Barthélemy, en deux volumes in-8°.

(8) Chef-lieu de canton de l'arrondissement de Brignoles (Var). — Voir,
sur cette localité, une excellente petite notice dans le beau recueil de M. Louis
de Bresc : *Armorial des communes de Provence* (Draguignan, 866, grand in-8°),
pp. 251, 252.

(9) Ratoneau et Pomègues sont deux îles situées, comme le Château-d'If, au
sud-sud-ouest de Marseille. — On connaît la légende du roi de Ratoneau.

(10) M. de Berluc propose de lire, au lieu de *Pontmieu*, localité idéale, *Sormieu*,
nom d'une crique sise au levant de Marseille.

Cassis (1), la Ciottat, qui viennent reprendre assez prez
d'Olliolles ou d'Evenes (2), et Orves (3) ou jusques à
Coudon, et aprez l'interruption de la vallée de Boysgency (4), Soulliers et Gappeau (5), commancent les Maures (6) ou terres luisantes minerales qui vont et regnent au
long du terroir d'Ieres, jusques à celluy de la Vernes (7),

---

(1) Sur *Cassis*, commune du canton de la Ciotat, qui faisait autrefois partie
de la terre d'Aubagne, possédée par les évêques de Marseille, voir l'histoire,
déjà plus haut citée, de cette terre, par le docteur Barthélemy.

(2) La commune d'Évenos (Var) est à 5 kilomètres d'Ollioules et à 13 kilomètres de Toulon.

(3) Orves est un ancien fief près de Toulon. Les lecteurs du tome V des
Lettres de Peiresc y auront trouvé de fréquentes mentions de son parent,
Guillaume Cambe, seigneur d'Orves, mari d'une Fabri.

(4) Aujourd'hui Belgentier, canton de Solliès-Pont, à 23 kilomètres de
Toulon. Je voudrais bien qu'un habile homme, qu'un fervent Provençal consacrât
un travail spécial à la maison natale de Peiresc et aux magnifiques jardins
dont elle était entourée. En décrivant ces jardins, on retracerait un bien
curieux chapitre de l'histoire de la botanique dans la première moitié du
XVIIᵉ siècle.

(5) Le Gapeau, comme le Lar, comme l'Argens, comme l'Huveaune, est
un tout petit fleuve ; son cours (de Signes à la rade d'Hyères) est de
54 kilomètres. Je n'ose pas ajouter que c'est un fleuve pour rire, car
ses débordements ont souvent désolé l'illustre propriétaire des jardins de
Belgentier.

(6) On appelle Maures une chaîne de montagnes granitiques couvertes
en grande partie de forêts de chênes-lièges, qui s'étendent entre
Grasse et Hyères. M. Charles de Ribbe, en qui le dévoué patriote égale le
remarquable écrivain, avait fondé, pour leur défense, la *Société forestière des
Maures*.

(7) La Verne est une montagne du Var, où s'élevait une Chartreuse fondée,
dit-on, au XIIIᵉ siècle, sur l'emplacement d'un temple romain. Je ne voudrais
pas garantir cette dernière assertion.

Colobrieres (1), le Muy (2), Roquebrune (3) et ainsi plus oultre vers l'Esterel (4) prendre un autre alignement plus meridional du Cap de Siciez (5) et de la montagne de Gien (6), les isles d'Ieres (7) n'en sont pas fort dezalignées ou à tout le moings celles de Borme (8) et Saint-Troppez (9) et par consequant l'isle Sainte-Marguerite et Lyrins (10).

---

(1) Collobrières est un chef-lieu de canton de l'arrondissement de Toulon, à 46 kilomètres de cette ville. M. de Bresc (*Armorial* déjà cité) explique ainsi les armes de cette commune (*d'azur, à un châtaignier d'argent, accosté de deux couleuvres...*) : « Ses armes sont parlantes par les deux couleuvres (*coluber*). On a représenté un châtaignier dans cet écusson, parce que cet arbre se trouve en quantité dans le territoire de cette commune et qu'il est pour les habitants une source importante de revenu. »

(2) Le Muy, ancien marquisat des Félix (voir, sur cette famille, l'ouvrage de M. de Bresc, p. 204), est une commune de l'arrondissement de Draguignau, du canton de Fréjus, à 15 kilomètres de cette ville.

(3) La commune de Roquebrune est à 9 kilomètres de Fréjus, son chef-lieu de canton.

(4) L'Estérel est une montagne boisée, entre Fréjus et Cannes, où le magique talent de Mistral a placé le drame de son *Calendau*.

(5) Le véritable nom du cap situé entre la Ciotat et Toulon est *Cicié*.

(6) On connait la presqu'île de ce nom, auprès d'Hyères, appelée en langue provençale *la Lengo de Gien*.

(7) Me plaisant à rattacher des souvenirs littéraires à des mentions géographiques, je noterai, à propos des îles d'Hyères, que cet ancien marquisat des *Iles d'or* a fourni à notre cher et grand Mistral le titre de ses exquises miscellanées.

(8) *Bormes*, commune de l'arrondissement de Toulon (à 41 kilomètres) et du canton de Collobrières (à 14 kilomètres).

(9) *Saint-Tropez*, une des perles de la côte provençale, sur le golfe de Grimaud, est un chef-lieu de canton séparé par 50 kilomètres de Draguignau, son chef-lieu d'arrondissement.

(10) Sainte-Marguerite, la principale des îles de Lérins, non loin de Cannes, possède une forteresse dont les plus célèbres prisonniers ont été le *Masque de fer* et le maréchal Bazaine.

Que si l'on prend de là la Durance (1), le Leberon, Lure (2)
et les autres suyvent le mesme allignement au long des
vallées d'Apt (3), de Saint-Vincens (4), d'Asse (5) et autres
jusques au Grand Couhier d'entre Peiresc et Colmars (6), je
veulx dire que toutes cez montaignes et collines sont
proportionablement rangées et allignées en lignes quasi
parallées *(sic)* du Ponant au Levant, et qui ont de la
correspondance, tant avec l'Apenin et les Alpes rhetiques,
lesquelles separent l'Italie de l'Allemagne, comme aussy
avec les Pyrenées et celles qui traversent l'Espagne du
Ponant au Levant, mesmes celles de la coste d'Afrique,
celles de la Lune ou de l'Atlas, le Caucase ou Mont-Ferrus,
la pluspart de celles d'Armenie, de l'Asie Mineur *(sic)*,
situées entre deux mers, celles de la Grece, et specialement
du Mont-Olympe.

Encores que noz Alpes d'entre nous et le Piedmont fas-

---

(1) Encore un souvenir littéraire, à propos de la Durance! La capricieuse
rivière, qui a été surnommée le plus grand torrent de la France, a inspiré à
M. de Berluc une admirable pièce de vers provençaux que j'ai eu le plaisir
d'applaudir au banquet de Roquefavour déjà mentionné.

(2) Le *Dictionnaire Joanne*, qui n'a pas d'article pour le Leberon, décrit la
montagne de *Lure*, dont la chaîne s'appuie sur le Mont-Ventoux. Sur ces
diverses montagnes, je ne puis rien citer de meilleur que le tout récent
ouvrage de M. Levasseur, intitulé *les Alpes* (Paris, 1895), et les études de
G. Tardieu.

(3) La vallée d'Apt est arrosée ou plutôt drainée par le Calavon, affluent de
la Durance, que les Ponts et Chaussées ont travesti en *Coulon*.

(4) Les Basses-Alpes possèdent deux communes de ce nom. La localité
indiquée par Peiresc est Saint-Vincent sur la rive droite du Jabron, arrondissement de Sisteron, canton de Noyers.

(5) L'Asse est une rivière torrentueuse qui se jette dans la Durance, à
6 kilomètres au-dessous d'Oraison.

(6) Colmars, sur la rive gauche du Verdon, est un chef-lieu de canton de
l'arrondissement de Castellane, à 48 kilomètres de cette ville, à 51 kilomètres
de Digne.

sent une traverse considerable du Septentrion au Midy, cela ne peult pas empescher le cours de la regle ou conjecture plus generale, que toutz cez allignementz paralleles d'entre les poles, peuvent presupposer que lors de la creation ou formation desdictes montagnes les eaues qui les couvroient pouvoient avoir quelque mouvement naturel du Levant au Ponant qui ayent en quelque façon occasionné l'allignement desdictes montaignes en la situation qu'il se trouve plus tost qu'à la contrayre ou transversale com'om suppose qu'il y aye de semblables courantz de la mer au delà du Cap de Bonne-Espérance et du destroict de Magelan, du Levant au Ponant, et dans la Mer Mediterranee par nostre coste d'Europe du Levant au Ponant aussy, et en celle d'Affrique au contraire (laquelle le sieur de Breves trouva au Cap Bon prez de Cartage) la mer Noire sortant continuellement en Constantinople et se desgorgeant dans l'Archipelago.

Car de mesmes que le sel se forme dans la mer naturellement en quelques saisons, aussy bien que par artifice humain qui ayde la naturelle disposition à cela, et que dans les rivieres nous avons veu former des caillous, qui se sont veuz fort mouls, quasi comme argille, et de diverses couleurs, et au bout de huict ou dix jours, fort durs, et comme les autres, il y a de l'apparence que dans la mer, il se forme pareillement, non seulement des cailloux et du gravier, et des rochers particuliers comme à ceux où s'enferment les coquilles des dattes, et les gros vers de mer et autres animaulx qui y cherchent leur habitation et leur deffense, mais aussy des montaignes entieres, soit petites ou grandes, ou que celles qui sont asseurement soubz les ondes, peuvent recevoir des accrementz (sic) qui s'y attachent ou s'y congelent sur les vieux rocheis, selon les saisons plus opportunes à cet effect les unes que les autres, comme y faire du sel qui est une espece de pierre, quoyque facile à se liquefier ou dissouldre.

Et cez montagnes de sel qui se trouvent en Sicile et

jusques en Pologne, comme les fontaines salées qui passent par de semblables natures de pierres salées, semblent pouvoir chercher leur origine aussy antique comme les autres montagnes de pierre plus solide qui sont à l'entour.

De nostre temps s'en estoit formé une dans l'estang de la Valduc (1), d'une prodigieuse grandeur, tant la seicheresse et la challeur avoit esté grande, cette saison-là. Mais les fermiers des gabelles empescherent avec grand soing que l'on n'y peusse aller cueillir du sel, dont il y eust en provision pour longtemps. A tant qu'enfin avec les pluyes et le froid, tout se resoudroit peu à peu.

Que si cela se peult presupposer, on pourroit alleguer popr raison de ce que le costé meridional de toutes lez montagnes de l'Europe est plus tranchée que le septen-trional, parce que c'estoit de ce costé là que se trouve encores le lict de la mer Mediterranée quoyque reculé et ravallé de beaucoup, et possible que qui observeroit les montaignes d'Afrique l'on les trouveroit tout au contraire (au moings sur la coste septentrionale) tranchées et

---

(1) L'étang de la Valduc est situé entre ceux de Berre et de Fos, sur la limite maritime de l'arrondissement d'Aix. Quoique très rapproché de la mer, il est sans communication avec elle et présente cette double singularité que son niveau est, en moyenne, de 9 mètres au-dessous de celui de la Méditerranée et que sa salure est à l'aréomètre de 17°, alors que celle de la mer ne dépasse pas 3°,50. Cette abondance de sel est attribuée à l'irruption des vagues qui, par les gros temps, sautent de la mer dans l'étang, par-dessus l'étroite et basse lisière qui les sépare. L'eau marine, ainsi introduite dans la Valduc, en élève le niveau à la hauteur de la Méditerranée et, ne pouvant, faute de canal de communication, retourner à la mer, s'évapore bientôt au brûlant soleil de Provence, laissant un dépôt salin qui va augmentant à chaque irruption neuvelle. De là, la montagne de sel signalée par Peiresc et, de nos jours, la création de salines importantes. — Voir, sur l'étang et son industrie salinière, l'ouvrage de G. Rolland : *Études sur la Valduc.* (Paris, Paul Dupont, 1861, in-8°.)

estrechies en la fassade septentrionale. De mesmes que les grandes rivieres tranchent le terrain et font de grands chantiers cà et là de leurs bords. Il en fault escrire à Tunis et Algers.

VIII.

PLANTE SOUBSTERRAINE DE BOYSGENCY.

Plante merveilleuse, qui se nourrit dans des caveaux où il ne peult penetrer de l'air que par des pores ou soubspirails de la terre, laquelle plante, au contraire des autres, a sa naissance et ses racines en hault, et sa teste ou sa tige descendantes et pendantes en bas, sans dessus dessoubz (1).

1631, May.

Le Vendredy 9 May 1631 il s'est descouvert à Boysgency une sorte de plante de nature, ce semble, toute differante de toutes les autres qui ont leurs racines en bas, et relevent leurs branches en hault, et celles la tout au contraire ont leurs racines en hault, et se laissent pendre perpendiculairemént en bas. On creusoit des fossez, aqueducs, dans un grand champ qui nous appartient nommé Champlong (2),

---

(1) A la marge, le même titre est ainsi abrégé : « Qui se produict et norrit sans dessus dessoubz à rebours des autres. »

(2) *Champlong* est mentionné dans le tome VI de la Correspondance de Peiresc, consacré aux lettres écrites à sa famille.

pour le passage des tuyeaulx ou canaulx d'une fontaine
que l'on vouloit faire venir au village. En un endroict où
les ouvriers avoient déjà creusé plus de cinq pieds, comme
on voulut creuser un peu plus bas, il se fit un peu de trou,
et tots aprez s'enfoncea un peu de terre qui fit paroistre un
peu de caverne soubsterraine, qui n'estoit point de pierre,
ne de tuf, ou d'une matiere bien solide, ains seulement
comme de terre, ou de soffre, et de la capacité d'une toise,
en rondeur. Le dessus subsistoit comme une voulte de
terre plus noire, tirant tant soit peu au rougeastre ; les
costez du dedans, à mesure qu'ils s'abaissoient, estoient
d'une autre veine de terre blanchastre, plus aride et sabloneuse, et moins grasse ou solide, ne s'estant bien peu
distinguer le fonds, pour avoir esté comblé de la terre qui
y croulla du dessus.

Mais cette voulte estoit d'un aspect assez merveilleux,
car il sembloit qu'elle fusse vestûe d'une cheveleure qui
pendoit en l'air, dont les filaments estoient delicats comme
de la soye de couleur de poil chastaing, de la longueur
d'un pied plus ou moings. Chascun ayant une ou plusieurs
gouttes d'eau roussastre qui y pendoit, laquelle pouvoit
avoir penetré à travers toute l'espoisseur de la terre, par le
moyen de l'arrousage, qui n'avoit esté discontinué en cet
endroict là que depuis cinq ou six jours auparavant. Et
possible pouvoient proceder les dictes gouttes, de l'eschauf-
faison du soleil, qui pouvoit attirer l'humidité de plus
profond en forme de vapeur et puis avec la froideur de la
nuict la reduire en gouttes d'eau (comme aux chappes des
allambics), lesquelles s'attachoient à cez filamentz ou
cordettes pendantes.

Cez filamentz, ou cheveleures, ou cordettes, estoient, ce
semble, de deux especes. L'une plus semblable aux cheveux, plus delicate, et plus desliée ou subtile, et de vraye
couleur de poil chastaing, laquelle a diverses racines
blanchastres attachées à la voulte de terre, ou elles ne
penetrent pas plus avant que d'un demy doigt ou d'un

doigt tout au plus ; ils sont tous droictz comme un cheveul
sans aulcun neud, et pendent perpendiculairement en bas
dans la petite caverne, les ungs plus longs que les autres.

De l'autre espece il ne s'en peult discerner que deux ou
trois filamentz qui estoient plus gros de beaucoup et
comme des fisseles, et aulcunement blanchastres. Nous
avions creu d'abbord que ce fussent des racines qui eussent
penetré à travers la terre, mais aprez y avoir regardé de
bien préz nous trouvasmes que non, qu'il y avoit une
grande espoisseur de terre desgarnye entierement de
racines entre la superficie de ce champ et la voulte de
cette petite caverne. Et les racines de cez filamentz icy se
pouvoient fort commodement distinguer dans la crouste
de ladicte voulte, à un doigt ou environ d'espoisseur et
non plus.

Ils sont fort fragiles les uns et les autres, quasi comme
des vrais cheveux. Quand on les assembloient touts
moictes les uns contre les autres, ils s'attachoient ensemble
et ne sembloient former qu'un seul poil, ou filament comme
la soye.

Ils avoient le premier une odeur aromatique tirant
aulcunement à celle des raves, laquelle s'est fort diminuée
en se desséichant. Le lieu estoit fort fraiz à sa premiere
ouverture, et ne sembloit pas que l'air y peusse penetrer,
auparavant, que par des pores bien subtils, aussy bien que
l'eau, au moings à travers l'espoisseur de la terre qui
estoit par dessus, laquelle estoit fort unie et apparament
solide, mais par le dessoubz il est croyable qu'il y pouvoit
avoir quelque petit soubspirail, à travers lequel les eaux
pluviales ou de l'arrousage pouvoient prendre leur esgoust
ou leur vuidange, pour s'escouler dans la riviere qui est
voisine, mais profonde en un lict ou en un niveau plus bas
de cinq ou six toises que ce caveau là.

Je voulus depuis faire vuider le caveau de la terre qui
estoit croullée dedans, pour mieux voir ce que ce pouvoit
estre, et se trouva que la terre inculte descendoit plus

profond que la haulteur d'un homme, et se trouvoient en ce faisant deux petitz eslargissementz du caveau, qui estoient encore vuides et n'avoient pas esté comblez de la terre croullée, la voulseure desquels caveaux estoit tout de mesmes garnye de cez plantes ou filaments, mais plus courtes.

Le fonds n'estoit que sable de diverses veines, ou banc, les unes blanchastres, les autres noirastres, et se trouva des petits tuyeaux ou soubspiraux tout vuides qui descendoient dans ledict caveau, par lesquelz les eaux pluviales et de l'arrousage y pouvoient penetrer facilement. Lesquelz estoient vuides, et neantmoings garnys ou environnez d'une pelleure noire, comme si c'eult esté l'escorce d'une racine laquelle eusse percé la terre jusques là et que le boys de ladicte racine ou le cœur d'icelle se fut reduict en pouldre et aneanty, l'escorce subsistant encores, avec des petites fibres ligneuses fort solides et delicates, comme des nerveures à jour et fort noires.

L'espoisseur de la terre sur le hault de la voulseure du caveau estoit de [*en blanc*] et sur la voulseure des plus bas caveaux estoit de [*encore un blanc*] et la profondeur du vuide du caveau qui nous peult apparoir estoit de [*un nouveau blanc*], car il restoit encores de la terre meuble sabloneuse qui pouvoit descendre beaucoup plus bas et jusques au niveau de la rivière voisine. La mesure a esté prinse au juste en un fillet cy joinct ou le neud distingue la profondeur du vuide du caveau d'avec l'espoisseur de la terre qui estoit par dessus.

~~~~~~

IX.

LE VENT DU TROU DU GRAND COUYER,

AU TERROIR DE PEIRESC,

ET CELUY DE LA MONTAGNIERE NOCTURNE.

1634.

Le Coûyer ou le Coyer, fort haulte montaigne au diocese de Glandeves, à prez de deux lieues d'Entrevaulx (1), a son dos allongé du Ponant au Levant, en tirant de Peiresc au Castellet (2) et à Glandeves (3). Son aspect du Midy est du terroir de Peiresc, et la jurisdiction en appartient aux officiers de Peiresc, mais les habitans de la Colle-Saint-

---

(1) Entrevaux, sur la rive gauche du Var, est un chef-lieu de canton de l'arrondissement de Castellane, à 38 kilomètres de cette ville, à 75 kilomètres de Digne.

(2) C'est le Castellet-lès-Sausses (canton d'Entrevaux, à 9 kilomètres de cette ville). Il ne faut pas confondre cette commune avec celle qui porte le nom de *Castellet-Saint-Cassien* et qui appartient au même canton.

(3) Voir, sur l'ancienne ville épiscopale, *Glandevès*, dont il ne reste aujourd'hui qu'un vieux château, perché au sommet d'une montagne, une intéressante petite notice dans l'*Armorial* publié par M. de Bresc (p. 131).

Michel (1) et de Meaille (2) y ont faculté de pasturage
concurramment avec ceux de Peiresc. Son aspect du
Septentrion est du terroir de Colmars et vers les racines
de la partie plus orientale dans le terroir de Colmars est
le lac de Legny (3) d'où le vulgaire tient que sortent tou'es
les gresles et tempestes dont ils sont infestez. La plus
haulte crouppe de cette montaigne s'appelle en vulgaire
lou grand Couyer (possible du mot de *Cos*) (4) et les
bergers y ont construict tout à la cyme troys grandes
Monjoyes (5), comme troys pilliers ou grands monceaux

---

(1) Cette commune du canton de Saint-André (arrondissement de Castellane)
tire son appellation de la *colle* ou colline sur laquelle elle est située et du
titulaire de son église paroissiale. On sait, ajoute M. de Berluc-Perussis, que
le culte de saint Michel et de *tous les anges* est essentiellement aérien et que
les anciennes églises qui leur sont dédiées sont invariablement assises sur
des hauteurs.

(2) Méailles est une commune du canton d'Annot, arrondissement de Castellane, à 37 kilomètres de cette ville, à 53 kilomètres de Digne; elle est célèbre
par sa grotte de 400 mètres de longueur, autrefois ornée de stalactites, dont
les plus belles ont été enlevées par le zèle indiscret des touristes.

(3) Le lac de Ligny ou Légnin est au nord-est du Grand-Couyer, entre
Colmars et Peiresc.

(4) Peiresc, en une note mise au bas de la page, nous apprend ainsi d'où lui
viennent les renseignements qu'il nous donne : « A la relation de Ja[ques]
Latil de la Coase, filz d'Hugues. » L'étymologie que Peiresc propose timidement
semble devoir être acceptée. Le roman *cot* (*coz* en vieux français) signifie
pierre à aiguiser, d'où, en provençal, *coudié* ou *couié*, étui de faucheur. Or, on va
lire, deux lignes plus loin, que le Grand Coyer possède une carrière de *cot*.
Mistral, sans connaître l'opinion de Peiresc, a donné la même étymologie.

(5) Une *Mount-Joio*, en Provence, est, d'après le dictionnaire de Mistral, un
clapié ou tas de pierres accumulées par les pèlerins, le long d'une route, aux
abords d'un lieu de pèlerinage, et surmontées d'une croix. « On donne le même
nom, veut bien me dire M. de Berluc-Perussis, à des *clapié* formés par des
bergers pour servir de bornes ou pour interdire le pâturage, et à des pierres
fichées dans le sol pour indiquer à l'extérieur le parcours souterrain d'un
aqueduc. » Je constate avec satisfaction que les deux savants écrivains donnent

de pierres. A deux mousquetades au dessoubz des dictes
Montjoyes et dans les appartenances du terroir de Peiresc,
y a une petite quarriere dans laquelle se vont prendre et
tailler des queües à esguiser nommées *peires de dail* (1),
qui sont comme l'on croid les meilleures de la province et
de tout le cartier pour n'estre pas corrompües à l'air et au
soleil, encores que toute la montaigne dudict Couyer ne
soit quasi d'autre matiere que de cez pierres bonnes à
esguiser, et que prou de gentz estiment aussy bonnes que
celles de ladicte quarriere, qui n'a pas d'autre nom que le
Trou du Couyer. Ce trou est de si petite ouverture ou
orifice qu'à peine y a-t-il assez d'espace pour laisser passer
un homme vestu. Et est a l'aspect du Midy. L'on y entre
comme dans un puys de peu de profondeur au bas duquel
y a une ouverture laterale qui entre dans la montaigne
environ six cannes tout au plus, et le lieu y est large au
dedans à peu prez comme une chambre plus longue et
large; on y taille souvent de la pierre à faire des queües
à esguiser les faulx, et y paroit certain aultre moindre
trou ou fente qui paroist venir de plus loing ou de plus
proffond, mais qui est trop estroict pour y entrer et pour y
penetrer gueres avant avec la veüe.

Il y a un vent perpetuel qui sort de ce trou, si froid et si
violant qu'il est fort difficile à supporter et seroit cappable
d'esteindre non seulement des chandelles, mais des flambeaux allumez, et ce non seulement à l'embouscheure,
mais encores à quelques cannes en avançant dans la quarriere. Il est vray que tout au fonds il ne s'y sent aulcun
vent, ne pas mesmes tant de froideur; que le vent ne se com-

à *Mount-Joio* la même étymologie (*Mons Gaudii*) que l'auteur de la plaquette
intitulée : *Les Reliques de Saint-Louis à la Montjoie* [en Agenais]. (Bordeaux,
1894, grand in-8°, p. 7.)

(1) En Gascogne, comme en Provence, l'action de faucher s'appelle *dailla* et
la pierre dont on se sert pour aiguiser la faux s'appelle *pèire de daille*.

mance à ressentir que quand on s'esloigne du fonds et qu'on s'approche du lieu de ce vuide qui s'estressit. Pour y travailler et esviter l'incommodité du passage de ce vent, on y va allumer du feu tout au fonds avec un fusil, et lors la lumière s'y conserve sans aulcune difficulté. La montaigne est si haulte qu'ell' est couverte de neige huit ou dix moys de l'an et par consequant inaccessible sinon deux ou troys moys, durant lesquels on y va faire paistre du bestail et caver pour en tirer des queües, ou pierres de dail, qui se vendent 8 ou 10 francs piece.

Mon frere ne monta pas au sommet; mais des autres collines un peu plus basses, ils voyoient les nües soubs leurs pieds et entendoient tonner au dessoubs d'eulx. Mais l'air n'estoit pourtant pas serain au dessus de leur teste, en sorte qu'ils peussent voir le corps du soleil bien clair. Et les menassoit en de mauvais temps à la descente, qui fut la cause qu'ilz ne monterent pas au sommet du Grand Couyer com' ils avoient resolu en y allant, oultre que le temps trouble les empeschant de voir les montaignes de la Sainte-Baulme, du Coudon et de Sainte-Aventure, qu'ils vouloient mirer avec la coste de la mer, ils perdirent la volonté d'y faire plus de sesjour et de passer plus oultre. Mesme que la nege qu'ils rencontroient en divers endroicts les incommodoit beaucoup en leurs passages, quand il falloit traverser des gorgues (1) ou petites naissances de vallées.

Cette grande haulteur pourroit bien estre cause que la froideur presante quasi de la moyenne region de l'air y fait former ce vent jusques bien avant dans la quarriere, par ce peu de vapeurs chaudes ou tiedes et humides qui en peuvent sortir, sans avoir de besoing de monter plus hault pour y trouver du froid cappable de les rejaitter en

---

(1) Le mot *gorgues* (pour gorges) est un provençalisme, *gorgo*.

vent, comme il arrive en celle du Mont-Ventoux *(sic)*
et du Ponthias (1).

Le mesme Jacques Latil avec son frere Michel, le
28 septembre 1634, me confirmerent toute la susdicte relation et m'adjousterent de plus que le trou du Couyier a
son embouscheure sur la pente de cette montaigne qui
regarde au Midy, et par consequant dans le territoire de
Peiresc. Que souvent durant le beau temps qu'ils ont esté
à la montagne avec le bestail, ils ont esprouvé que touts
les soirs reglement, quand il faict serain, un vent nommé la
Montagniere (2) commençoit à descendre du grand Couyier
et à couler dans la vallée environ les huit heures du soir,
et duroit jusques au soleil levant. Que ce vent est fort froid
et penetrant, sans qu'il face pourtant aulcun mal aux
trouppeaux de brebis, si ce n'est les cinq ou six premiers
jours aprez leur tonteure, pas mesmes avec la gresle.
Que lorsque le temps est obscur ou tourne au marin (3),
ce vent de la Montagniere cesse entierement. Que les
bergers d'à l'entour du lac de Legny ont souvent prins
garde que les brouillards s'eslevant de ses eaulx se con-
vertissent en pluyes rabieuses, avec tonnerres. Que les
villages circonvoisins de Colmars, Peiresc, Meaille, le

---

(1) Le grand météorologiste qu'il y avait dans Peiresc s'occupa beaucoup du
vent de Ponthias, à Nyons; il se fit adresser par un de ses correspondants,
Gabriel Boulle (natif de Marseille), une relation spéciale de ce vent, laquelle est
conservée à la bibliothèque d'Inguimbert, dans le registre LIII.

(2) Ce vent est ainsi appelé parce qu'il vient du côté de la montagne. Il
souffle du nord-nord-est. C'est une variante de la *Tramontane* (nord parfait).
La montagnière est d'un froid très aigu, mais moins véhément que le légendaire mistral, qui se déchaîne, lui, au nord-ouest.

(3) Le *marin* est le vent de la Méditerranée ou du sud, précurseur de la
pluie. On nomme *marin blanc*, un vent, au contraire, sec et chaud, qui souffle,
en Provence, de l'est et, en Languedoc, du sud-sud-est.

Fugeret (1), etc., tantost les uns, tantost les autres, ne manquent poinct de l'aller benir une foys de l'an en procession. Qu'il ne produict aulcun poisson, comme faict celuy d'Allos (2), qui a de trez belles et bonnes truictes (3), mais il est beaucoup moings eslevé que celuy de Legny. Qu'il y a un autre plus petit lac joignant le plus grand de Legny, lequel tarit parfoys i'esté. Que l'eau du lac de Legny est salle et mal limpide au prix de celle du lac d'Allos. Qu'il y a une baulme ou grotte prez de Peiresc cappable d'y enclorre plusieurs trenteniers de bestail, laquelle a son embouscheure tournée au Midy comme le village, laquelle ne produict aulcun vent dont on se soit apperceu (4).

---

(1) Le Fugeret, ancienne résidence des Templiers, est une commune de l'arrondissement de Castellane, canton d'Annot. Son terroir abonde en châtaigniers. M. de Bresc constate (*Armorial*, p. 121) qu'on dit en provençal *Fugeiret*.

(2) Le lac d'Allos, le plus considérable des Basses-Alpes, a six kilomètres de tour; il est alimenté par des neiges perpétuelles. La montagne où il est situé se nomme *le Laus*, le lac.

(3) On m'assure que les truites du lac d'Allos ont conservé leur excellente réputation et qu'elles sont aussi recherchées par les gourmets du XIXe siècle qu'elles l'ont été par les gourmets du XVIIe.

(4) Suivent de petites notes géographiques et autres qui sont des voies de rappel, des jalons indicateurs. Les voici : « Le Verdon passe à une lieue de Peiresc, dans le terroir de Toramene. — Nostre-Dame de la Fleur en vue du desert prez du Verdon; lendemain de Pasques, la procession. — La Vayre au terroir de Peiresc, de la grosseur d'un homme. — Le Coromb au T[erroir] du Castellet, au double et reçoist la Vaire, puis se jette dans le Var. — Le Couyer, la plus haulte montagne de Provence, comme croyent les gentz d'allentour, est au terroir de Peiresc, commune en herbages à ceux de Peiresc, la Colle et Meaille. — Le Trou du Couyer, à deux traictz de mosquet de la plus haulte des trois Monjoyes; il est estroit à l'entrée mesmes pour un homme vestu, à plomb puis orizontalement, de six canes de proffond, où se prennent les pierres à aiguiser. Le vent en sort fort froid, et fault aller au fonds pour y allumer et conserver la flamme du feu et de la chandelle. — L'estang nommé le lac de

X.

DU VENT DE LA VAUDAISE,

AU LAC DE GENÈVE.

Le venerable P. Dom Polycarpe de la Riviere, prieur de
la Chartreuse de Bompas (1), nous a asseuré, avec le
venerable Pere Dom prieur de Villeneufve, le 25 octobre

Légny, terroir de Colmars, à deux lieues de Peiresc, d'où sortent les tempestes.
Le jour de saint Pierre en juillet [*sic* pour juin] y viennent les processions de
Peiresc, de Colmars, Meaille et le Fugeiret. — L'eau pendant *(a)* du Grand Couhier
est terroir de Peiresc. Le revers au vent droict *(b)* du mesme Couyier est terre
de Colmars. » La note dernière est relative au personnage, déjà nommé
plus haut, qui a fourni divers renseignements à Peiresc : « Jaques Latil,
consul de la Colle, filz de Hugues, de celuy qui fit noz fromages de Peiresc au
sucre, m'en fit la relation à Aix le 20 juillet 1634. Continué [c'est-à-dire,
continué la relation] le 28 septembre avec son frère Michel Latil.

(1) Sur ce religieux, en qui le paléographe est si discuté et qui attend encore
une notice biographique sérieuse, voir le fascicule VIII des *Correspondants de
Peiresc.* (Marseille, 1885, pp. xxviii-xxix et pp. 20-23.)

(*a*) C'est l'un des faits saillants de l'ancienne géographie provençale, que les
circonscriptions communales et autres étaient généralement délimitées par la crête
des montagnes, plutôt que par le cours des rivières. La ligne de faîte des deux
bassins hydrographiques était en même temps la limite des territoires. Chaque
commune possédait, suivant une formule consacrée, l'*aigo pendènte*, c'est-à-dire le
versant tourné vers elle et déterminé par la pente naturelle des eaux pluviales. Dans
l'espèce, l'arète du Grand Couié séparait Peiresc de Colmars.

(*b*) L'*on vènt dre* ou *vènt d'aut* n'est autre que la bise ou vent du nord. Le « revers
au vent droit » est donc le versant septentrional.

1634, qu'en temps fort calme, sans qu'aulcun vent soit sensible ne perceptible en l'air, on void soudainement eslever de grandes ondes du lac, qui en rendent le traject aussy perilleux qu'en temps de pleine tempeste. Et que l'on tient que par le bouillonnement des ondes il sorte du vent à travers icelles ou plustost des vapeurs si disposées à se convertir en vent que l'on void bien tost suyvre un vent formel fort violant et fort froid qui occupe toute la vallée nommée Vaudaise, d'entre le mont Jura et le mont [*vide laissé par Peiresc*]. Sincerus, en la préface de son Itineraire des Gaules (1), use de ces termes que le R. P. de la Riviere nous a faict voir... (Suit une citation bien connue qui se termine ainsi : *quem accolæ Vaudaise appellant*) (2).

Du vent de soubs les ondes de la mer, qui fit submerger tant de tartanes des Martigues et y fit tant de vefves en un seul coup, à ce qu'on en a dit à M. Gassend.

(Nous n'avons que le titre de ce chapitre, que Peiresc n'eut pas le temps d'écrire.)

Du grand lac soubsterrain de la BAVLME prez de Salletes (3) (monastère de Religieuses Chartreuses, à demye

---

(1) *Jodoci Sinceri* (Zerzinling) *Itinerarium Galliæ*, etc., *cum appendice de Burdigala.* (Lyon, 1616, in-12.)

(2) Plus loin, citation de Pline l'Ancien sur les vents de la Narbonnaise.

(3) Le monastère de Sallètes était situé dans la paroisse de la Baume, diocèse de Lyon, mandement de Quirieu en Viennois. Il fut fondé en 1299 par le Dauphin Humbert. Sur la grotte de Notre-Dame de la Baume, une des sept merveilles du Dauphiné, voir Chorier, *Histoire du Dauphiné* (part. I, liv. I, sect. 14) et Guy Allard (*Dictionnaire du Dauphiné*, V°, Grottes). Il y est question des débris du bateau de François Iᵉʳ et d'un autre bateau sur lequel un curé de la Baume fit, avec quelques amis, une navigation souterraine d'environ une lieue.

lieue du Rhosne assez prez de Lyon, dans ses depen-
dances du Bouschage qui a appartenu à M. de Joyeuse et
à cette heure à M. le president du Bouchage de Grehoble).
Les mesmes RR. PP. Chartreux nous en ont confirmé tout
plein de singularitez. C'est non seulement ce qu'en escript
l'autheur de l'Histoire Antonienne, fº XLII. Mais le dict
R. P. Dom de la Riviere m'a asseuré d'y avoir esté et d'y
avoir encores veu les fragmentz de la barque laquelle y
avoit esté apportée du Rhosne par commandement du feu
Roy François Iᵉʳ, et d'y estre entré fort avant. et y avoir
veu quantité d'oiseaux noirs comme des merles, qui n'en
sortent jamais comme l'on croid (1) et ne sont poinct des
chaulves-souris (2).

Que de cet antre en sort un ruisseau qui faict mouldre
un moulin, lequel est en aulcunes saisons plus abondant
qu'en d'autres. Que le souspirail ou luquerne (*pour* lucarne)
par où le jour esclaire un endroict du milieu de cet estang
est comme l'ouverture d'un grand puys plus large qu'une
salle, et qu'il respond au hault de la montagne, toute
chargée et garnie de boys de haulte futaye. Que le lac va
plus d'une lieue profond dans les antres de cette montagne.
Si l'on y pouvoit aller avec des batteaux et des flambeaux,
il fauldroit observer les effectz du vent ou des vapeurs qui
en peuvent sortir, la nuict et le jour mesmes, en diverses
saisons, principalement en hiver et au gros de l'esté.

Du Lac proche du Loir et de Vendosme (qui tarit de
sept ans en sept ans, et demeure tary sept ans, et sept ans

---

(1) Ceux qui n'ont pas craint d'accuser Dom Polycarpe d'avoir commis des
faux en écriture historique ne manqueront pas de dire qu'il a été un trompeur
dans ses récits de voyages souterrains, comme dans les antiques documents
par lui-même fabriqués.

(2) Ces oiseaux étaient probablement des chouettes au plumage brun tirant
sur le noir.

plein d'eau, et que durant qu'il est sec on y void des abysmes, d'où sortent les eaux en leur temps, par l'arrivée et proportion desquelles on recognoit la fertilité ou sterilité future pour autres sept ans) (1).

Des trois queuves de Sassenage (qui se remplissent d'eau plus ou moins touts les ans la nuict des Roys et pronostiquent la sterilité ou fertilité) (2).

---

(1) Voir Sincerus, en son *Itinéraire*, p. 107.

(2) Les cuves de Sassenage (chef-lieu de canton de l'arrondissement de Grenoble) sont au nombre des sept merveilles du Dauphiné. Ce sont de profondes excavations situées dans les gorges du Fuzon, à l'entrée d'une vaste grotte dite le Four-des-Fées.

TABLE DES MATIÈRES